Éric Bottlaender – Pierre-François Mouriaux

De Gagarine à Thomas Pesquet
L'ENTENTE EST DANS L'ESPACE

Avant-propos
Claudie Haigneré

Préface
Oleg Novitski

LOUISON
éditions

À la mémoire de Jacques Tiziou (1939-2017), témoin privilégié et inspirant des vols spatiaux habités américains entre 1969 et 2003.

« Pour voir la Terre telle qu'elle est vraiment, petite et bleue et belle, flottant dans le silence éternel, nous devons nous voir comme courant ensemble sur la Terre, frères sur cette beauté lumineuse dans le froid éternel – des frères qui savent maintenant qu'ils sont vraiment frères. »

Archibald MacLeish (1892-1982)
A Reflection: Riders on Earth Together, Brothers in Eternal Cold
New York Times, 25 décembre 1968

SOMMAIRE

Annexes

Iouri Gagarine, le premier cosmonaute, Sergueï Korolev, le grand concepteur, et la fusée Semiorka, l'ascenseur cosmique, illustration de Boris Koukouliev, 1980.

AVANT-PROPOS

Claudie Haigne
quelques insta
après son reto
sur la Terre,
le 31 octobre 2

L'aventure de l'exploration habitée de l'espace fascine le public depuis plus d'un demi-siècle. Le regard à distance de l'astronaute sur la Terre donne une autre dimension à celui que nous avons depuis notre planète, et nous fait ressentir fortement sa finitude, son isolement et, finalement, son extrême fragilité. Il nous fait prendre pleinement conscience de notre responsabilité vis-à-vis des générations futures de protéger cet îlot de vie précieux, toujours unique dans l'Univers selon nos connaissances actuelles. Le travail inlassable des équipages des stations spatiales assurant la permanence de la présence humaine aux avant-postes du système solaire, l'engagement de ces hommes et de ces femmes représentant la diversité des cultures et des nations de la Terre pour faire progresser les sciences et la technologie spatiale, sont un magnifique témoignage de la capacité humaine à dépasser les tensions pour réussir ensemble et ouvrir des perspectives essentielles pour le bien-être des générations futures.

La mission Proxima de notre compatriote Thomas Pesquet, astronaute européen, 10e Français de l'espace, mais surtout 549e citoyen du monde en orbite, est en tout point une confirmation de cette véritable épopée. Son regard aiguisé et bienveillant sur notre planète et les superbes photographies qu'il en fait, sont partagées sur les réseaux sociaux et y suscitent un intérêt inégalé dans notre pays. Cela contribue indubitablement à changer le regard de nos citoyens sur leur planète en éveillant l'étonnement et l'intérêt. La mission scientifique et technique Proxima, abordant de nombreux champs de recherche de haut niveau, s'est déroulée au sein d'un équipage international, et en relation harmonieuse avec des équipes au sol réparties dans le monde entier, des États-Unis à la Russie, en passant par plusieurs pays européens, le Canada et le Japon. Au-delà de la préparation parfaite des équipages à leur mission, une dimension supplémentaire est observable à bord, si évidente, si palpable, si naturelle: la fraternité. Cette fraternité est une valeur essentielle que partagent tous les équipages qui se succèdent depuis bientôt vingt ans à bord de la Station spatiale internationale, comme ce fut le cas de tous les équipages des missions précédentes à bord de Mir, ou même du vol Apollo-Soyouz, comme nous aurons l'occasion de le découvrir dans cet ouvrage. Avec le privilège d'orbiter à 400 kilomètres d'altitude autour de la Terre, enjambant les invisibles frontières en 90 minutes, le regard des astronautes scrute l'avenir avec persévérance, témoins de l'unité qui caractérise leurs missions plutôt que des fractures qui épuisent notre bas monde. Cette fraternité est une vertu naturelle partagée par tous ceux qui ont eu la chance de voler dans l'espace et de rejoindre ainsi la prestigieuse Association des explorateurs de l'espace. Cette fraternité nous transforme définitivement, tout autant que la vue incomparable de notre planète suspendue dans l'immensité de l'Univers ou que le défi physique du vol spatial et la liberté du corps en impesanteur. Cette expérience est si forte, si unique que, comme Thomas Pesquet, chacun d'entre nous ressent le besoin irrépressible de la partager avec tous ceux qui n'auront jamais la chance de vivre une telle aventure.

En retraçant plus de 40 ans de collaboration dans les vols spatiaux habités, Éric Bottlaender et Pierre-François Mouriaux nous proposent, avec beaucoup de témoignages vécus, le bilan d'un chemin parsemé d'exploits et d'embûches, mais dont le déroulement contemporain dépasse les rudesses de la compétition et les enjeux géopolitiques pour être un exemple exceptionnel de coopération internationale autour du progrès et du savoir. Nous pourrons ainsi comprendre que les astronautes sont des conquérants du futur qui, au-delà des avancées scientifiques et techniques qu'ils permettent, ouvrent un terrain de réflexion critique sur notre monde et sur les voies offertes à l'humanité dans sa marche vers l'avenir.

Claudie Haigneré
Première Française de l'espace, passagère des stations Mir et ISS

PRÉFACE

Notre expédition spatiale touche à sa fin et nous reviendrons bientôt sur notre terre natale. Mais durant ces six mois de travail, Thomas Pesquet, Peggy Whitson et moi-même sommes devenus plus qu'une équipe, une famille. J'ai l'impression de connaître mes coéquipiers depuis cent ans, alors qu'en réalité je les ai connus il y a bien moins longtemps. « Salut Oleg, ça va ? – Salut Thomas, très bien, et toi ? – Tout va bien. » C'est par ces mots, dont nous avons tous l'habitude, que commence la journée non seulement sur terre mais aussi dans l'espace.

En fait, la Station spatiale internationale est un lieu unique. À 400 kilomètres de la Terre vivent et travaillent dans un espace clos des citoyens de pays différents. Aujourd'hui, ce sont des cosmonautes et astronautes venant de Russie, États-Unis et France. Ici, à bord de l'ISS, le temps s'écoule autrement. On y vit un certain renversement de valeurs qui fait changer d'attitude à l'égard de notre planète. Ici, nous comprenons que nous sommes tous les enfants de l'Univers, et à quel point le monde qui nous entoure est fragile.

Quand on observe la Terre depuis un hublot de la station, on ne voit pas de frontières. Depuis l'espace les pays de notre planète n'en font qu'un, les continents et les océans se suivent, les couleurs frappent l'imagination. Blanc couleur de neige, bleu clair, bleu foncé, noir profond… Iouri Gagarine disait après son voyage dans l'espace : « Ayant fait le tour de la Terre à bord d'un vaisseau-satellite j'ai pu voir à quel point notre planète était magnifique. Nous devons la protéger et accroître cette beauté, non pas la détruire ! »

L'ISS est un endroit où les représentants de différentes nationalités mènent un travail commun, un lieu qui permet de démontrer au monde entier notre relation humaine simple et amicale. Il serait formidable que tous les politiciens suivent notre exemple. Pour avoir de bonnes relations, le fait d'être citoyens de pays différents ou de parler des langues différentes n'a aucune importance. En fin de compte, nous sommes tous des enfants de la Terre.

Je me rappelle très bien le jour où j'ai fait la connaissance de Thomas. Notre équipage était déjà formé et je savais que j'allais me préparer à notre vol dans l'espace avec l'Américaine Peggy Whitson, spécialiste de premier plan, que je connaissais depuis un bon moment, et avec le Français Thomas Pesquet. J'ai beaucoup entendu parler de Thomas et je savais qu'il était le plus jeune astronaute de l'Agence spatiale européenne, mais je ne le connaissais pas personnellement.

Le jour de l'entraînement commun de notre équipage je suis arrivé sur place avec un peu d'avance. Nous nous sommes croisés avec Peggy dans le couloir et sommes entrés dans la salle d'entraînement en même temps. Quelques minutes après, la porte s'est ouverte et un jeune homme aux cheveux bruns est entré d'un pas rapide. « Salut! Comment ça va ? », a-t-il demandé avec un léger accent, s'adressant à nous en souriant. Ensuite, me regardant, il a ajouté, toujours en russe : « Alors commandant, l'équipage est au complet, on peut commencer ? »

Maintenant, alors que notre vol spatial touche à sa fin, je peux dire avec certitude que nous avons formé une équipe formidable. L'entente s'est tissée dès le départ. Quand pendant six mois il faut vivre et travailler dans un espace limité, partagé avec d'autres personnes, la compatibilité psychologique devient primordiale. Il est très important d'être ce qu'on appelle « sur la même longueur d'onde », de se comprendre, se soutenir mutuellement, d'avoir le sens de l'humour et ne pas se sentir vexé par les plaisanteries de ses collègues.

Je me souviens d'une situation qui a eu lieu à Baïkonour. Nos familles sont venues nous voir quelques jours avant le départ. Lors d'un dîner commun, Peggy a dit à la mère de Thomas pour la rassurer : « Je tâcherai de vous remplacer durant le vol, et Oleg fera comme s'il était son père. » Et oui, nous avons réussi à devenir un vrai équipage, dans tous les sens du mot. Et Thomas, malgré le fait qu'il s'agisse de sa première expérience dans l'espace s'est révélé un spécialiste de haut niveau, un vrai professionnel.

À la fin du mois d'octobre de l'année dernière, juste avant notre départ de Baïkonour, monsieur Jean-Maurice Ripert, ambassadeur de France en Russie et son épouse, ont donné une réception à l'ambassade en l'honneur de notre équipage. En 2016, la France et la Russie ont célébré le 50e anniversaire de collaboration entre nos deux pays dans le domaine spatial. Ce soir-là j'ai réalisé, pendant la conversation avec Thomas, que notre expédition porte le numéro 50/51 et débute l'année du 50e anniversaire, et que l'année prochaine marquera la 51e anniversaire de notre collaboration, ce qui est une coïncidence très symbolique.

Je suis certain que dans l'avenir, les cosmonautes de nos deux pays continueront à travailler ensemble sur l'orbite, ou voyageront même vers d'autres planètes. Ensemble. Puisque l'espace est international.

Oleg Novitski, commandant du Soyouz MS-03,
depuis la Station spatiale internationale, avril 2017

Thomas Pesquet, Oleg Novitski et Peggy Whitson après 100 jours de mission Proxima.

INTRODUCTION

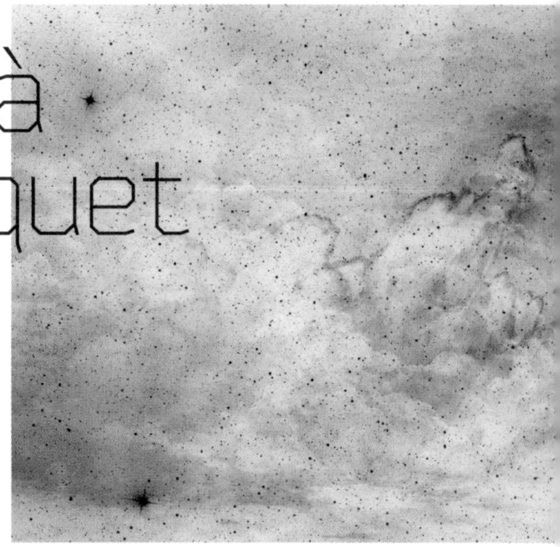

De Gagarine à Thomas Pesquet

La guerre froide et la compétition Est-Ouest sont à leur paroxysme quand les médias du monde entier interrompent leurs programmes, le mercredi 12 avril 1961. À vingt-sept ans, le pilote de chasse soviétique Iouri Gagarine vient d'entrer dans l'histoire. Jusqu'alors inconnu, il est le premier à embarquer dans une fusée, décollant à bord de la frêle capsule Vostok-1 (Orient, en russe). Il réalise une révolution (quasi complète) autour de la Terre en 108 minutes de vol, prouvant que l'homme peut résister au voyage cosmique. Ancien ouvrier fondeur au sourire d'ange, modeste et appliqué, Iouri Gagarine est aussitôt propulsé au rang de héros planétaire, et utilisé comme un formidable outil de propagande. Sa mort prématurée dans un accident d'avion, sept ans plus tard, le transformera en mythe pour les générations à venir.

17 novembre 2016. Presque cinquante-six ans se sont écoulés depuis ce premier vol. Dans la nuit glacée du Kazakhstan, sous la pleine lune, une fusée Soyouz est prête au départ. Elle ressemble à celle qui a emmené Gagarine, c'est la 1807e du même type, et elle se dresse sur le même pas de tir. Mais c'est désormais devenu la norme, la capsule Soyouz MS-03 qu'elle emporte est occupée par un trio international : le Russe Oleg Novitski, l'Américaine Peggy Whitson et le Français Thomas Pesquet, membres de la mission Proxima. Direction : la Station spatiale internationale (International Space Station, ou ISS), imposant complexe évo-

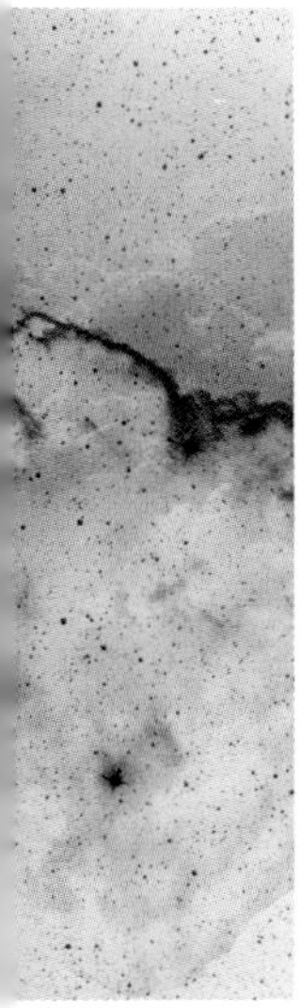

luant sur orbite à 400 kilomètres de la Terre, grâce aux efforts communs de seize puissances spatiales, et occupé sans interruption depuis novembre… 2000.

Le trio va former, en rejoignant deux Russes et un Américain, la cinquantième mission d’occupation permanente de la station. Ils vont passer quatre mois ensemble, avant d’accueillir à leur tour les membres de l’Expédition 51, qui vont les remplacer dans ce ballet désormais permanent, réglé au millimètre, de missions techniques et humaines.

Que de chemin parcouru entre le vol de Gagarine, préparé dans le plus grand secret et annoncé seulement quelques minutes après le lancement, et le départ de la mission Proxima, couvert par plus d’une quarantaine de journalistes français sur place et diffusé en direct dans le monde entier! Quel retournement de l’histoire que de voir aujourd’hui ceux qui jadis s’entraînaient à se faire la guerre réaliser années après années des séjours de longue durée autour de la Terre; quelles belles leçons que cette coopération internationale exemplaire, ces aventures humaines et ces amitiés qui dépassent les frontières, dans un climat géopolitique de nouveau complexe…

L’espace – en tout cas son exploration par l’homme – fut au départ le théâtre ultime de la compétition entre les deux grandes puissances, américaine et russe. Depuis quelques décennies, c’est devenu le plus grand symbole de coopération internationale et de paix. De la première poignée de main sur orbite entre trois Américains et deux Soviétiques, en juillet 1975, à la mission Proxima, de la Cité des étoiles à Houston, et de Baïkonour à Cape Canaveral, une petite civilisation spatiale s’est construite, pas à pas. Elle a aujourd’hui la forme de la Station spatiale internationale, conçue, fabriquée par des milliers d’ingénieurs et techniciens à travers le monde, et assemblée par des dizaines d’équipages multinationaux. Elle surmonte les tensions politiques, les différences culturelles, les coupes budgétaires, les ennuis techniques, les accidents et l’entraînement difficile. Elle montre la voie de l’entente et de l’entraide, mais révèle également la fragilité de la planète bleue.

Les États-Unis, l’Union soviétique puis la Russie et la France ont été des partenaires déterminants dans cette aventure, et les astronautes, pétillants d’intelligence et d’humour, en ont été les acteurs les plus visibles. Leur plus grande réussite, au-delà des impressionnantes capacités d'apprentissage et des exploits qu'ils réalisent au quotidien, reste certainement cette démonstration de la possibilité de vivre ensemble.

ASTRONAUTE, SPATIONAUTE OU COSMONAUTE?

Tant que seules les deux grandes puissances envoyaient leurs représentants dans l'espace, la distinction était triviale: un cosmonaute était soviétique et un astronaute était américain. La question se compliqua lorsque des pays tiers furent invités à participer à des vols orbitaux à partir de 1978 et, surtout, lorsque des échanges de vaisseaux intervinrent lors d'une même mission internationale: comment désigner un Européen lancé vers la Station spatiale internationale avec un vaisseau russe et rentré à l'aide de la navette américaine? La solution aurait pu venir du mot spationaute (combinaison de *spatio* et *naute*), apparu au début des années 1960 et accepté par l'Académie française en 1972 – en attendant les taïkonautes chinois! Mais il ne s'est jamais imposé, généralement limité – à tort – à la désignation des Français de l'espace. Les vocables astronaute, cosmonaute et spationaute peuvent donc désigner aujourd'hui n'importe quel voyageur de l'espace, quelles que soient sa nationalité ou l'origine du vaisseau qu'il utilise. Mais c'est astronaute qui reste le plus fréquent, omniprésent dans la littérature anglo-saxonne et retenu par l'Agence spatiale européenne et le CNES pour désigner leurs recrues. C'est astronaute qui s'impose également dans le présent ouvrage, sauf quand il s'agit de désigner des cosmonautes soviétiques ou russes et les passagers de vaisseaux spatiaux lancés par l'URSS ou la Russie.

Iouri Gagarine, premier homme dans l'espace.

IOURI ALEXEÏEVITCH GAGARINE, EN BREF

Né le 9 mars 1934, mort le 27 mars 1968. Marié et père de deux filles. Fils d'un charpentier et d'une paysanne du kolkhoze de Klouchino (région de Smolensk), Iouri Gagarine a d'abord travaillé comme ouvrier dans une fonderie dans la région de Saratov. L'aéroclub qu'il fréquentait le recommande pour entrer dans l'école d'Orenbourg en 1955, où il devient pilote de chasse en 1957 (sur Yak-18 Mig-15 bis). Il rejoint alors une base proche de la frontière norvégienne où il est repéré en 1959 au moment où commence le recrutement des futurs cosmonautes soviétiques. Il intègre le premier groupe en mars 1960 et prépare le premier vol dès le mois de mai. Définitivement désigné titulaire le 8 avril 1961, il décolle du Kazakhstan le 12 avril à 9h07 (heure de Moscou), à bord de Vostok-1, et se pose 1h48 plus tard dans la région de Saratov, après un tour quasi complet du globe.

Gagarine devient alors l'homme le plus célèbre de la planète. Durant trois ans, il est reçu avec les honneurs dans 25 pays, en majorité membres du bloc socialiste ou pays alignés. Il effectue également la tournée des grandes villes et des grands chantiers d'URSS. Ses Mémoires sont publiées dès 1961 et traduites dans la plupart des langues, des livrets sur son vol sont édités, des disques enregistrés. Des rues, des avenues, des quartiers, des écoles, des complexes sportifs reçoivent son nom dans de nombreux pays, dont la France. Le 12 avril devient, dès 1962, la journée nationale de la cosmonautique en Russie et, aujourd'hui encore, le portrait du cosmonaute numéro 1 orne la pièce commune de la Station spatiale internationale.

Gagarine sera longtemps privé d'un nouveau vol spatial. Il intègre la fameuse Académie aéronautique militaire Joukovski fin 1961 et devient directeur du centre d'entraînement des cosmonautes en 1963. Il arrache finalement la place de doublure du pilote Vladimir Komarov pour le premier vol du vaisseau Soyouz, mais, après l'accident de ce dernier en janvier 1967, il est de nouveau écarté. Il se tuera quinze mois plus tard en compagnie de son instructeur lors d'un vol de routine à bord d'un Mig-15 dans la région de Vladimir.

GAGARINE NOUS ACCOMPAGNE TOUJOURS

« Après sa disparition accidentelle dans la force de l'âge (il avait alors 34 ans), Iouri Gagarine est devenu une icône nationale en Russie. Au centre de formation des cosmonautes de la Cité des étoiles près de Moscou, la vie est depuis la mort du héros rythmée par de multiples cérémonies en sa mémoire, quasi religieuses ou superstitieuses. Sa statue érigée à proximité des immeubles d'habitation est ornée de fleurs tous les jours et des rassemblements festifs s'organisent à ses pieds régulièrement, avant le départ d'un équipage ou à son retour. Son bureau a été aménagé en musée que chacun visite comme on effectue un pèlerinage. Son vestiaire dans la salle de sport a également été conservé intact. De par les innombrables portraits qui ornent les murs des couloirs, son sourire est omniprésent. Gagarine veille sur nous mais aussi ceux qui l'ont connu, sélectionné, entraîné et ceux qui ont travaillé avec lui. Ils sont toujours là, encore actifs et souvent à nos côtés. »

Claudie Haigneré

RITUELS QUASI ANCESTRAUX SUR LE COSMODROME

La réalisation d'un vol habité en Russie est ponctuée de passages obligés, de rites et de traditions, qui mélangent hommages à Gagarine, superstition, voire religion. Il serait fort malvenu de les oublier, pour ne pas tenter le mauvais sort, et ne pas vexer ses hôtes. Tous doivent donc se plier à ce folklore, vétérans comme novices, étrangers comme Russes. C'est surtout dans les derniers moments qui précèdent un lancement que le cérémonial est le plus riche. Pour l'Italien Luca Parmitano, ils revêtent une réelle vertu: celle d'occuper les équipages dans une période assez peu

Le lanceur Soyouz MS-03 est acheminé sur le pas de tir de Baïkonour.

active, en regard notamment des mois d'entraînement intenses qui ont précédé !

Avant de partir pour le cosmodrome de Baïkonour, les équipages (titulaire et « doublure ») doivent immanquablement effectuer une visite au musée de la Cité des étoiles. Dans le bureau reconstitué de Gagarine, ils apposent leur signature accompagnée de quelques mots sur le livre d'or des cosmonautes, et font don d'un objet personnel. Puis ils se rendent au pied de la muraille du Kremlin, à Moscou, pour déposer des fleurs sur la tombe du héros.

Lors du séjour à Baïkonour (qui dure aujourd'hui une quinzaine de jours), les équipages sont en quarantaine, basés à l'hôtel des Cosmonautes, en ville, à une trentaine de kilomètres du cosmodrome. Sous contrôle médical, ils ont droit à quelques visites, notamment de leurs familles, qui arrivent dans les derniers jours pour assister au lancement. Dans le parc environnant, les « bleus » qui n'ont encore jamais séjourné dans l'espace plantent un arbre, tout comme le firent Gagarine et ses successeurs. Sauf qu'aujourd'hui la cérémonie a lieu avant le décollage, alors qu'elle devait à l'origine avoir lieu après – encore une superstition –, quitte à attendre plusieurs années. Plusieurs visites sont également organisées dans la ville, notamment dans le musée de l'Espace et dans la maisonnette où Gagarine dormit la veille de son lancement. La tradition est de s'asseoir quelques minutes sur son lit.

Mais pas question en revanche pour l'équipage principal d'aller assister au transport de sa fusée entre le hall d'assemblage et le pas de tir, cela porte malheur. L'équipage de réserve, lui, est présent, ainsi que les familles.

La veille du grand départ, la commission d'État chargé du lancement se réunit à l'hôtel des Cosmonautes en présence des équipages, tenus à l'écart de toute contamination derrière une large baie vitrée. À l'issue de ce feu vert purement formel, une dernière conférence de presse est organisée avec les équipages, toujours derrière leur vitre – il y a quelques années, à peine la cérémonie était-elle finie que tout le monde rejoignait les astronautes pour de grandes accolades...

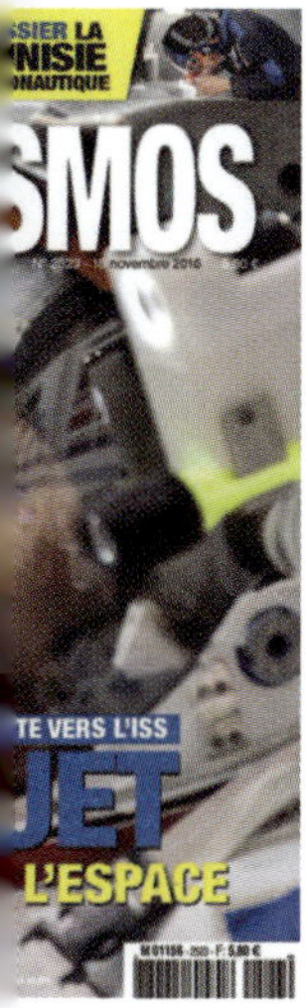

homas Pesquet à la Une de la revue ir & Cosmos, 18 novembre 016.

Le soir, la même séance de cinéma (en version originale non sous-titrée) est organisée depuis... septembre 1973. À l'époque, les membres d'équipage du Soyouz-12 avaient visionné *Le Soleil blanc du désert*, un film soviétique extrêmement populaire réalisé à la manière d'un western par Vladimir Motyl en 1970, qui raconte les tribulations d'un jeune soldat de l'Armée rouge durant la guerre civile russe. Soyouz-12 était la première mission habitée soviétique depuis la dépressurisation en vol qui coûta la vie aux passagers de Soyouz-11, en juin 1971, et aucun incident majeur n'a été à déplorer depuis lors d'un vol de Soyouz : impossible de ne pas se plier à la tradition, même si on s'apprête à effectuer son sixième vol...

Le jour J est évidemment le plus organisé et le plus codé. Il débute à l'hôtel des Cosmonautes par une visite médicale, puis un agréable petit déjeuner, agrémenté de champagne. On trinque à la prospérité de l'équipage et à la réussite de la mission, puis on s'assoit quelques minutes, comme le veut la tradition russe avant un départ en voyage. Les astronautes signent également au feutre sur leur porte, et sont – copieusement – aspergés d'eau bénite par un pope orthodoxe, comme leur fusée quelques jours auparavant, une tradition qui remonte à la fin des années 1990. Puis c'est le départ en bus pour le cosmodrome (avec deux bus différents – un pour l'équipage titulaire, l'autre pour le suppléant), après avoir rapidement salué la foule massée devant l'hôtel : amis, familles, officiels, journalistes et parfois touristes, dynamisés par la diffusion sur des haut-parleurs de la chanson *Trava ou doma* (*L'herbe à l'extérieur de nos maisons*), dédiée aux cosmonautes et très populaire en Russie. Durant la petite demi-heure de route, chacun visionne des images vidéo souvent amusantes des meilleurs moments de l'entraînement, et des messages personnels, de la famille et des proches.

Arrivés au bâtiment d'assemblage MIK, les cosmonautes prennent un second petit déjeuner et passent la dernière visite médicale. Puis les membres de l'équipage titulaire, aidés par ceux de l'équipage doublure, doivent revêtir et tester leur scaphandre. La famille, des officiels et journalistes peuvent assister à la séance, toujours derrière une vitre, voire discuter avec les cosmonautes quand ils sont prêts. Même par moins 20°, la cérémonie suivante se tient brièvement sur le parking, où des petits carrés blancs sont dessinés sur le sol pour préciser l'emplacement de chacun : le président de la commission d'État remet officiellement le vaisseau à l'équipage, qui s'engage solennellement à bien mener sa mission. L'équipage, encouragé par la foule, salue une dernière fois ses proches et remonte dans le bus, qui les emporte jusqu'au pas de tir. Là, pas question – pour les hommes en tout cas – d'éviter la pause pipi, quitte à faire semblant, comme le fit Gagarine sur la roue arrière du bus avant de s'installer au sommet du lanceur !

« *Païekhali !* » (« C'est parti ! »), s'écrira le commandant au moment du décollage, deux heures plus tard, tout comme l'a aussi fait Gagarine.

Enfin, l'équipage « montant » apporte des fleurs (sous cellophane), des fruits frais et des petits cadeaux, tandis que l'équipage déjà à bord de la station (après avoir sonné la cloche du module Unity en guise de bienvenue, dans la pure tradition maritime) l'accueille avec du pain et du sel.

PAS DE LANCEMENT LE 24 OCTOBRE

Depuis le 24 octobre 1960, date à laquelle l'explosion d'un missile R-16 soviétique sur son pas de tir à Baïkonour tua 165 personnes, aucun lancement ne peut intervenir un 24 octobre en Russie.

50 ANS DE COOPÉRATION FRANCO-RUSSE

« En cette année de célébration des 50 ans de coopération spatiale France-Russie, c'est un honneur d'écrire mon nom sur les pages de ce livre chargé d'histoire. Que l'aventure continue ! »

Thomas Pesquet, sur le Livre d'or du bureau de Iouri Gagarine, à la Cité des étoiles.

Décollage du Soyouz MS-03, le 16 novembre 2016.

La Terre ou… Mars ?

Voici un projet-jeu. Chaque dyptique contient une image de la Terre et un autre objet cosmique. La différence n'est pas toujours aussi évidente que le suggèrent les apparences. Nous réalisons ainsi que la Terre est une partie de l'Univers comme n'importe quelle autre planète. Nous sommes une partie de l'Univers, et les objets, plus grands ou plus petits que notre planète, proches ou éloignés de milliers d'années-lumière, peuvent être semblables…

La Terre ou Mars ? La Terre ou…
Réponse à la fin du livre…

I

Apollo-Soyouz, vol au-dessus du rideau de fer

1. LA PREMIÈRE COURSE À L'ESPACE

Contrairement à ce que l'on imagine, la première coopération spatiale n'a pas été américano-soviétique, mais a lié le destin du Français Michel Ardan à celui de deux Américains, Impey Barbicane, président du Gun Club, et le capitaine Nicholl. Ensemble, ils s'envolent pour un trajet lunaire à haut risque, dès… 1865. Déjà, les protagonistes découvrent leurs différences, s'étonnent de leur capacité à travailler main dans la main, et viennent à bout des rivalités politiques et financières pour coopérer dans l'espace. Le tout, du bout de la plume de Jules Verne! Fiction documentée, publiée en épisodes puis, la même année, en exemplaires reliés, *De la Terre à la Lune* inspirera autant les auteurs de science-fiction que les pionniers de l'exploration spatiale.

Celle-ci démarrera grâce à l'antagonisme entre les deux grandes puissances, en pleine guerre froide, et deux exploits soviétiques lanceront « officiellement » la course à l'espace, engagée dès la fin de la Seconde Guerre mondiale avec l'avènement des premiers missiles balistiques. L'URSS mène rapidement par des avancées technologiques, qui lui permettent d'envoyer Spoutnik sur orbite dès le 4 octobre 1957, puis développe sur la même base de lancement sa première capsule habitée Vostok, qui permettra à Iouri Gagarine de réaliser le premier vol habité en apesanteur autour de la Terre. Une révolution de 108 minutes, fierté nationale pour les Soviétiques, dard implacable planté dans l'opinion américaine, qui entraînera le plus incroyable défi technique du siècle: décrocher la Lune, moins de neuf ans plus tard. L'Amérique l'emportera non sans mal, grâce à sa puissance industrielle. Car, lorsque son jeune président John Kennedy essuie l'affront de Gagarine (cinq jours avant celui de la Baie des Cochons, à Cuba), la nation est engluée dans différents programmes de lanceurs. Avec ses fusées Atlas, Juno, Redstone ou Vanguard, les groupes de travail sont dispersés et sous différentes administrations. Armée de terre, aviation, marine, chaque branche dispose de son propre programme, sans compter le comité civil, la NACA, qui n'est devenu la NASA que le 1er octobre 1958.

QUAND LA PRESSE AMÉRICAINE RENTRE DANS LA COURSE

Le 15 mai 1958, l'URSS place Spoutnik-3 sur orbite. Avec 1330 kg sur la balance, les Soviétiques font remarquer qu'il serait tout à fait possible d'envoyer un cosmonaute dans l'espace avec quelques provisions. Dans *Aviation Week*, l'éditorialiste Robert Holtz s'inquiète pour les États-Unis: « Cela démontre une fois de plus que les Spoutnik précédents n'étaient pas d'heureux hasards. Cela démontre que le programme spatial soviétique est un effort constant, bien organisé pour progresser par étapes plutôt que de tenter une spectaculaire et internationale cabriole de propagande. Cela nous montre aussi que le programme soviétique dispose d'un support solide, qui n'est pas sujet aux variations de politiques, ou aux politiciens du moment…, tandis que nous sommes toujours en débat au Congrès sur le bien-fondé de la création d'une agence aéronautique spatiale nationale. Nous espérons que Spoutnik-3 va faire tomber quelques gratte-papier de leur piédestal et les engager dans l'action, qui devient vitale. »

La course à la Lune, à la Une du Time du 9 décembre 1968.

Rapidement, les projets sont mutualisés et les exploits américains suivent ceux des Russes de quelques mois. Alan Shepard est le premier Américain à franchir la frontière de l'espace, moins d'un mois après Iouri Gagarine. Les sept astronautes pionniers de Mercury sont encore dépassés par les six Soviétiques de Vostok, qui effectuent des missions plus longues, plus ambitieuses et multiplient les premières. Les États-Unis inverseront la vapeur avec leur second programme spatial habité, Gemini, qui tiendra la dragée haute à son pendant soviétique Voskhod. La NASA réussira à démarrer le programme Apollo avant que le nouveau vaisseau

Le lanceur N-1
sur son pas de tir.

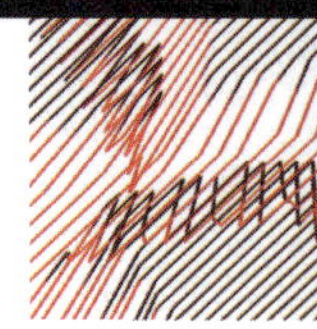

Gene Cernan,
dernier homme
sur la Lune.

Soyouz puisse donner des résultats satisfaisants. Une avance significative est prise en 1968, lorsque la capsule Apollo-7 emmenant Walter Schirra, Walt Cunningham et Donn Eisele atterrit dans le Pacifique après une mission de démonstration de quatre jours, télévisée et montrant au monde entier l'accomplissement technologique du programme. Quatre jours plus tard, la mission habitée Soyouz-3, pilotée par Gueorgui Beregovoï, tente une manœuvre d'amarrage sur orbite avec Soyouz-2, qui se soldera par un échec. Neuf mois plus tard, Neil Armstrong et Buzz Aldrin posent le pied sur la Lune. La course à l'espace des deux blocs antagonistes se termine par le spectacle surréaliste qu'offrent les missions Apollo, sur le sol sélène. Le 19 décembre 1972, Gene Cernan, dernier homme à quitter ce paysage désolé, déclare: « Je fais un dernier pas pour l'homme sur cette surface, de retour à la maison pour un certain temps (qui, nous l'espérons, ne sera pas un futur lointain). J'aimerais dire ce que je crois devoir retenir pour l'Histoire: que le défi relevé par l'Amérique aujourd'hui a forgé la destinée de l'humanité de demain. Alors que nous quittons la Lune, à Taurus-Littrow, nous la quittons comme nous sommes arrivés et, si Dieu le veut, comme nous reviendrons: dans la paix et l'espoir de toute l'humanité. »

2. PRÉPARATION À LA GUERRE SPATIALE

La course à l'espace n'était pas pour autant réservée aux vols habités et, au milieu des années 1960, les premiers satellites de reconnaissance à haute résolution avaient fait leur apparition. Les deux blocs s'observaient par tous les moyens, y compris grâce à de larges télescopes envoyés sur orbite, équipés de petites capsules de films photographiques qui, récupérées au plus vite, pouvaient fournir de l'information au KGB et à la CIA en quarante-

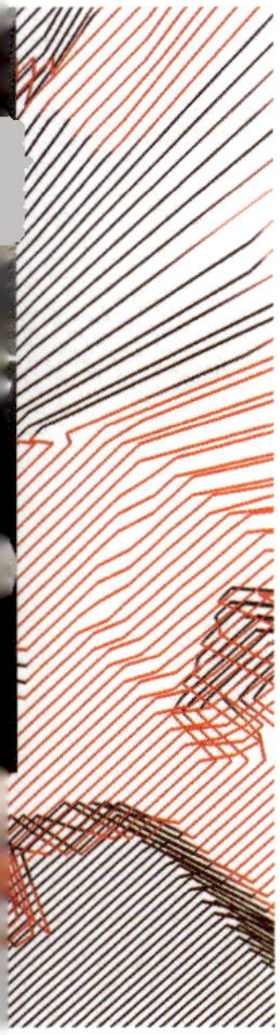

huit heures environ. Loin des scandales des survols de territoire par des avions U2, l'orbite fournissait un royaume encore vierge de possibilités d'observation au service de l'espionnage. En particulier, elle a permis à l'administration américaine de surveiller les tentatives soviétiques de viser la Lune. Ces derniers avaient engagé un vaste programme gardé secret jusqu'à la chute de l'URSS et constellé d'échecs. Les photographies de la CIA, aujourd'hui déclassifiées, atterrissent sur le bureau du président Lyndon Johnson dès le 28 février 1966, pour son résumé d'actualité du petit déjeuner. Des analystes y notent alors la construction d'un nouveau pas de tir, gigantesque en comparaison des autres installations de Baïkonour, à même de recevoir une fusée d'une puissance supérieure même à celle de la Saturn-5, dont le premier modèle américain n'avait pas encore été assemblé ni testé. Ils nomment la fusée « Projet J ». Grâce à des photographies prises par le vaisseau KH-7-Gambit, les Américains vont suivre avec régularité la progression des travaux, de l'installation des cinq mille ouvriers à la construction de gigantesques tranchées sur la steppe. En décembre 1967, un cliché en basse résolution montre pour la première fois une fusée que les Soviétiques appelleront N-1 sur son pas de tir, mais il s'agit d'un test et le lanceur ne réapparaît pas sur les clichés suivants.

En mars 1968, l'inquiétude américaine grandit, puisque les missions Apollo sont en retard et rencontrent quelques difficultés techniques. De nouveaux clichés montrent que, si l'URSS n'a pas encore testé la N-1, les premiers lancements sont proches: les Soviétiques construisent un second pas de tir. Il faudra attendre août 1968 pour que les Américains obtiennent de nouvelles images à haute résolution, grâce à leur nouveau satellite espion KH-8 Gambit-3, et observent pour la première fois la fusée de leurs adversaires. Étonnés par la forme, la taille et la puissance supposée de la fusée, les services secrets américains tirent la sonnette d'alarme.

La N-1 inquiète en haut lieu et, malgré le succès de la première mission habitée Apollo-7, les États-Unis ne baisseront pas le rythme du programme lunaire, convaincus que les Soviétiques n'ont que quelques semaines de retard. On sait à présent que la fusée qui devait emmener un cosmonaute – très certainement Alexeï Leonov – poser le pied sur la Lune n'était pas mature, qu'il manquait à l'URSS de grandes structures de tests au sol, et que

La gigantesque fusée soviétique N-1, qui aurait dû permettre au pays d'égaler les performances américaines.

les défauts techniques multiples de cette nouvelle fusée, de 105 mètres de haut pour 17 mètres de diamètre à sa base, ne lui permettaient pas de lutter contre le programme Apollo. Les 19 et 21 février 1969, une fusée Proton emmenant un véhicule lunaire robotisé Lunokhod (qui aurait été le premier rover lunaire télécommandé), puis la première N-1 (décollant avec un vaisseau lunaire Zond inhabité) explosent après seulement quelques secondes de vol. Les Américains, qui ratent l'événement avec leurs satellites, notent simplement dans un rapport que « quelque chose de significatif est arrivé fin février ». Rien ne filtre des steppes du Kazakhstan. Les survols de Baïkonour sont infructueux, mais l'absence de fusée sur le pas de tir permet aux Américains de prendre le temps pour planifier les missions Apollo-10 et 11 : ils savent dès le printemps 1969 que l'URSS ne sera pas en mesure de les battre pour la course à la Lune. Le 3 juillet pourtant, une seconde tentative a lieu pour la N-1, qui explose au décollage et retombe sur le pas de tir. Dix-huit jours plus tard, Neil Armstrong et Buzz Aldrin foulent le sol lunaire.

UN CANON DANS L'ESPACE

La course à l'espace a malgré tout été marquée par une militarisation, passée sous secret devant les succès des pionniers et de l'exploration de notre voisinage planétaire. URSS et États-Unis engagent rapidement des travaux de missiles antisatellites, et testent les technologies nécessaires pour désactiver ou détruire à distance les moyens de reconnaissance de leurs adversaires. Tout y passe, des charges conventionnelles aux essais nucléaires en haute atmosphère. Et certaines technologies révèlent grâce aux rapports déclassifiés des armements dont l'installation montre le niveau de tension de leurs concepteurs. Ainsi la station soviétique Saliout-3, ou nommée ainsi pour l'Occident, était-elle essentiellement à vocation militaire. Lancée le 25 juin 1974, alors même que les États-Unis et l'URSS préparent déjà leur première mission commune Apollo-Soyouz, Saliout-3 est équipée d'un prototype de canon de l'espace! Modèle développé dans le plus grand secret pour des bombardiers TU-22, le Rikhter R-23 était installé en cas d'autodéfense sur Saliout, avec un petit stock de munitions. Équipé pour tirer dans le vide spatial, ce canon, s'il avait dû être utilisé, aurait été presque aussi dangereux pour l'équipage que pour les potentiels assaillants: les vibrations induites par un tir auraient engrangé des efforts considérables, d'autant que pour orienter le canon, toute la station devait pivoter sur elle-même. Selon certaines sources cependant, trois tirs d'essais auraient eu lieu en 1975, quelques jours avant la fin de vie de la station...

Malgré le secret absolu dans lequel leur échec est gardé, au sein même du pouvoir soviétique, les satellites espions permettent au gouvernement américain de comprendre, dès le mois d'août 1969, qu'une large explosion a eu lieu sur le site, et que le programme de l'URSS n'atteindra pas ses objectifs. L'espionnage en général, et la lecture des journaux russes en particulier, aura permis des succès inédits.

C'est dans une revue scientifique soviétique, publiée en 1962, qu'un des scientifiques de la NASA préparant le tout premier rendez-vous entre deux vaisseaux habités sur orbite (Gemini-6A et Gemini-7) découvre une méthode inédite. La technique, dite des orbites concentriques, est simulée au sol, puis entrée dans les ordinateurs de vol. Le 15 décembre 1965, Gemini-6A décolle et adopte le plan de vol « à la russe », qui va permettre aux deux vaisseaux de se rapprocher. Les moteurs sont rallumés périodiquement, sur des horaires précis aux centièmes de seconde... Après 5 heures et 4 minutes de vol, Walter Shirra croit apercevoir une étoile particulièrement brillante, et l'identifie comme Sirius. C'est en fait Gemini-7, qui réfléchit la lumière du Soleil, et qui grossit dans son hublot. Au final, la manœuvre soviétique n'aura utilisé que cinquante et un kilos de carburant, beaucoup moins que ce qui était prévu, permettant aux deux vaisseaux d'évoluer l'un à côté de l'autre durant plusieurs heures, ainsi que de simuler des approches (ils n'étaient pas équipés pour s'amarrer). Comble de l'histoire: l'article scientifique décrivant la méthode de rendez-vous orbital n'avait manifestement pas été lu par les scientifiques du programme de l'URSS eux-mêmes, qui n'ont pas appliqué cette technique pour leurs propres vols...

Iouri Gagarine, pionnier parmi les pionniers. Lui serrant la main, les astronautes de la mission Gemini-4: Edward White (au centre) et James Mc Divitt (à droite). Hôte de cette prestigieuse rencontre, le Premier ministre français, Georges Pompidou, le 3 juin 1965, au salon du Bourget.

Entrée de la ville de Baïkonour.

LA TRÈS SECRÈTE BAÏKONOUR

Baïkonour est le principal « cosmodrome » russe et le plus grand complexe spatial au monde. Situé dans les steppes semi-désertiques du Kazakhstan, à 2500 kilomètres à l'est de Moscou et à 45,4° de latitude Nord, il s'étend sur 75 km du nord au sud, et sur 90 km de l'est à l'ouest. Soit une superficie de 6717 km^2, l'équivalent du département du Finistère ou plus de 2,5 fois la taille du Luxembourg!

Baïkonour signifie « terre fertile pleine d'herbages », en kazakh. C'est à l'origine le nom d'une ville minière située à… 370 km au nord-est du cosmodrome, les Soviétiques souhaitant semer la confusion afin de garder secret l'emplacement exact du « 5e polygone de recherche scientifique et d'essais » (NIIP-5). Aménagé à partir de janvier 1955, il devait permettre la mise au point des premiers missiles intercontinentaux soviétiques, à l'abri des regards indiscrets et dans une région désertique, où les populations ne souffriraient pas des retombées d'engins.

Pour héberger les ouvriers du chantier, puis les personnels du cosmodrome et leurs familles, une nouvelle ville fut également entièrement construite *ex nihilo*. Elle a été implantée à une vingtaine de kilomètres au sud du cosmodrome, au bord du fleuve Syr-Daria, tout près du petit village kazakh de Tioura-Tam où s'arrête le train Moscou-Tachkent. La cité-dortoir abrita jusqu'à 120000 personnes à la fin des années 1980, mais ne comptait au dernier recensement plus que 73000 âmes (dont 60 % de Kazakhs). Changeant à plusieurs reprises de nom (Tachkent-90, Zaria Zvezdograd, Leninsk), la ville a finalement été rebaptisée Baïkonour en 1995. Depuis la chute de l'Union soviétique en décembre 1991, elle est restée une enclave russe au milieu de la république indépendante du Kazakhstan. Celle-ci désormais propriétaire du cosmodrome le loue à la Russie, pour un loyer annuel de 115 millions de dollars (100 millions d'euros). L'accord, signé pour la première fois en 1994, court théoriquement jusqu'en 2050. La gestion du cosmodrome est assurée par l'agence Roscosmos et les forces aériennes russes.

La plupart des satellites civils soviétiques puis russes y ont été lancés depuis 1957, ainsi que tous les vols habités depuis 1961. Il faut d'ailleurs noter que c'est depuis un pas de tir historique que les cosmonautes d'aujourd'hui peuvent s'élancer vers la Station spatiale internationale: le Soyouz qui les emmène dans son trajet de 8 minutes 30 vers l'orbite décolle toujours du « 1/5 », construit en 1954 et terminé en 1957. C'est de cet enchevêtrement de métal que le premier satellite de l'humanité s'est élancé: Spoutnik. En 1961, le glorieux et révéré Gagarine a embarqué dans sa capsule Vostok, depuis ce même site de lancement. Depuis renommé Gagarin's Start, Baïkonour 1/5 a accueilli l'écrasante majorité des voyages habités soviétiques puis russes. Incluant tous ceux sur la coopération: la capsule Soyouz-19 en 1975 (Apollo-Soyouz), le vol de Jean-Loup Chrétien en 1982, le premier lancement d'un Américain depuis la Russie en 1995, jusqu'au décollage de la mission ISS-50 embarquant Oleg Novitski, Peggy Whitson et Thomas Pesquet.

Depuis l'arrêt de la navette spatiale américaine en 2011, le cosmodrome est même la seule porte d'entrée pour les équipages de la Station spatiale internationale. Seule la Chine dispose également en 2017 d'une base de départ pour des vaisseaux habités.

CAPE KENNEDY N'EXISTE PLUS

Le 28 novembre 1963, le président américain Lyndon Johnson annonçait dans un message télévisé que le cap géographique Canaveral en Floride serait rebaptisé Kennedy, en mémoire de son prédécesseur assassiné six jours auparavant. Par la même occasion, le nom « John F. Kennedy Space Center » désignerait dorénavant les deux bases spatiales installées à l'époque sur la côte marécageuse: celle de Cape Canaveral, utilisée depuis 1958 par l'armée de l'air, et celle de Merritt Island, aménagée depuis 1962 par la NASA. Finalement, face aux confusions et aux sollicitations locales, l'État de Floride réhabilita en 1973 le nom original de Cape Canaveral. La base de l'armée de l'air retrouva alors sa dénomination de Cape Canaveral Air Force Station, et la base de la NASA fut simplement désignée Kennedy Space Center.

Cape Canaveral est la plus ancienne des deux. Située au nord de la ville du même nom, elle fut préférée en 1948 aux îles Aléoutiennes en Alaska et à la côte de Baja au Nouveau-Mexique pour tester des missiles V2 modifiés. Les travaux d'aménagement débutèrent en mai 1950 et le premier lancement intervint le 24 juillet 1950. Une cinquantaine de pas de tir furent ensuite construits. À partir de 1959, la NASA utilisa les installations de Cape Canaveral pour lancer ses premiers satellites et ses capsules habitées Mercury et Gemini. Mais le champ de tir arriva bientôt à saturation. Lorsque le programme lunaire Apollo fut lancé, en 1961, la décision fut prise d'aménager la presqu'île adjacente, au nord-ouest de la base: Merritt Island. Le dernier lancement habité effectué depuis la base militaire fut la mission Apollo-7, en octobre 1968.

Le 15 juillet 1975, décollage d'Apollo depuis le Centre spatial Kennedy.

Le Centre spatial Kennedy accueillit à partir de 1962 les pas de tir n° 39A et 39B, d'où furent lancées toutes les fusées Saturn-5 (Apollo-4, 6 et 8 à 17), les missions Skylab et Apollo-Soyouz, ainsi que toutes les navettes spatiales. C'est le seul endroit d'où peuvent être lancés des vaisseaux spatiaux habités depuis les États-Unis. Il accueille la longue piste d'atterrissage des navettes, qui fut utilisée pour la majorité des vols de Shuttle-Mir et de l'ISS.

Le Centre spatial Kennedy est aujourd'hui un véritable « spatioport » ouvert aux entreprises et aux collaborations. Ainsi la société SpaceX loue depuis 2015 le 39A, la NASA a fait aménager le petit pas de tir SLC-46 d'où peuvent être lancées des fusées légères, et elle s'est lancée dans des travaux titanesques sur le pas de tir 39B pour accueillir sa future fusée lourde SLS. Les équipages internationaux ont disparu de la base depuis 2011 et l'arrêt du programme de navettes STS, mais le site garde une participation importante au programme international: c'est depuis la Floride que sont lancés les cargos Dragon et une partie des cargos Cygnus qui ravitaillent l'ISS. C'est également ici que sont préparées et encapsulées la majorité des expériences scientifiques américaines intérieures et extérieures en opération sur la station, sans compter quelques modules plus imposants comme le premier compartiment gonflable, BEAM, ou les nouvelles écoutilles qui accueilleront avant 2020 de futurs vaisseaux commerciaux.

3. APOLLO-SOYOUZ SE PRÉPARE

Dans l'histoire du rapprochement Est-Ouest, les astronautes ont joué un grand rôle. Et la France n'était pas en marge des premiers « dégels » des relations entre les deux grandes puissances. Paris fait en effet office, dans les années 1960, de terrain neutre. Le salon du Bourget, grande messe de l'aéronautique, devient un point de rencontre où, pour la première fois, cosmonautes et astronautes peuvent se serrer la main, prendre un verre, sous l'œil soucieux des politiciens et se rendre compte que, malgré les propagandes et les combats par alliés interposés, ils sont faits du même bois.

En 1967, les États-Unis et l'URSS signent le premier traité des Nations unies concernant l'accès à l'espace, les objectifs de paix et de non-militarisation, et les principes fondamentaux de l'exploration spatiale. Si bien des chapitres ont été plus ou moins écartés par les militaires de chaque bloc, l'article 5 est absolument essentiel : « Les États parties au Traité considéreront les astronautes comme des envoyés de l'humanité dans l'espace extra-atmosphérique, et leur prêteront toute l'assistance possible en cas d'accident, de détresse ou d'atterrissage forcé sur le territoire d'un autre État partie au Traité, ou d'amerrissage en haute mer. [...] Lorsqu'ils poursuivront des activités dans l'espace extra-atmosphérique et sur les corps célestes, les astronautes d'un État partie au Traité prêteront toute l'assistance possible aux astronautes des autres États parties au Traité. » Ainsi naquit le principe fondateur qui exclut les astronautes et cosmonautes des conflits de leurs nations et qui, tels les athlètes des Jeux olympiques, les lient dans un objectif commun de dépassement des nations et de soi.

Ce sont les Soviétiques qui, pour la première fois, mettent en application cet article en avril 1970, lors des déboires de la capsule américaine Apollo-13, victime d'une explosion d'un réservoir d'oxygène alors qu'elle est en route vers la Lune, avec à son bord les astronautes Jim Lowell, Fred Haise et Jack Swigert. Le monde entier retient son souffle, tandis que les ingénieurs de la NASA et des constructeurs du vaisseau déploient des efforts hors du commun pour sauver l'équipage. Au titre de l'article 5, l'Union soviétique propose alors son aide pour établir une mission de secours. Ce ne sera finalement pas nécessaire, mais cette main tendue ne sera pas oubliée. Car déjà, en coulisses, des échanges préalables avaient eu lieu : une première réunion rassembla, en octobre 1970, des représentants de la NASA et de l'Académie des sciences soviétique pour travailler à une « unité de jonction » entre des vaisseaux américains et soviétiques.

Visite à Moscou de Thomas Stafford et Gene Cernan, le dernier marcheur lunaire, présent en URSS en tant qu'expert technique et pilote.

PREMIERS ÉCHANGES, PREMIERS DÉFIS

« Au premier échange, autour de la table, chaque équipage parlait sa propre langue, et l'autre devait faire l'effort de comprendre. Les Soviétiques avaient ces petites fêtes, le soir, qui étaient très simples: une table en U, de l'eau, de la vodka, du cognac, du crabe, du pain, du poisson et même du caviar. Je parlais avec le commandant de l'équipage de secours, Anatoli Filipchenko. Il était pilote d'essai et avait déjà fait un tour en orbite. Nous essayions de converser, mais… ça ne passait pas, c'était comme d'utiliser un traducteur automatique entre nous à chaque mot et tout le temps. Du coup, j'ai dit: "Attends, je vais te parler en russe, et toi en anglais, peut-être que l'on comprendra mieux." C'est ce que nous avons fait et hop, ça a marché en quelques minutes. Nous avons pris quelques verres de plus, et ça marchait encore mieux! Et le lendemain, en nous asseyant à la table des négociations, nous avons repris exactement de la même façon. Parce que, si vous ne parlez pas extraordinairement couramment dans une langue étrangère, vous le parlez toujours plus distinctement, et plus lentement. C'est ce que nous avons mis en place jusque dans l'espace. Tout ce que je leur disais, je le faisais en russe. Eux me parlaient anglais. »

Tom Stafford

L'accord pour une mission habitée commune est signé le 24 mai 1972 par le président américain Richard Nixon, et le premier secrétaire du Parti communiste, Alexeï Kossyguine. Le vol commun, fixé pour juillet 1975, s'appellera finalement Apollo-Soyuz Test Project (ASTP) à l'Ouest, et Experimental Project Apollo-Soyuz à l'Est. L'ASTP marque une jonction et la détente entre les deux agences spatiales, qui ont toutes deux fermé la page de la course à la Lune: les États-Unis utiliseront leur dernière capsule Apollo,

Les membres de l'équipage d'Apollo-Soyouz. De gauche à droite: Deke Slayton, Thomas Stafford, Vance Brand, Alexeï Leonov et Valeri Koubassov.

initialement réservée à un vol sur leur station orbitale Skylab. Dès la signature, les équipes s'activent, à commencer par les techniciens et ingénieurs, qui vont mettre au point le système d'amarrage entre les deux vaisseaux. Il s'agit, en toute sécurité, et en bonne politique, de trouver une solution qui convienne aux ego: aucune des deux capsules ne doit être « mâle » ou « femelle », question d'image! Le *docking module*, ou module d'amarrage, appelé APAS, est né: couloir aux dimensions réduites, il permet aux trois astronautes d'Apollo, qui vont devoir manœuvrer en orbite pour le récupérer dans la « soute » de leur fusée Saturn-1B, de venir s'accoupler à la capsule Soyouz soviétique et ses deux cosmonautes.

Pour les astronautes américains, la mission représente une véritable aubaine. En effet, les équipages étant désignés plusieurs années à l'avance, pour un grand nombre des vétérans, la mission Apollo-Soyouz constitue la « der des der » avant les premiers vols de la navette, dont l'entrée en service, initialement prévue pour 1978, sera repoussée à 1981. Le projet ne fait pas l'unanimité chez les astronautes et bon nombre d'entre eux démissionneront dans ce creux de vols habités, ne souhaitant pas reprendre leur formation de zéro, ou appelés par les nombreuses opportunités privées pour les héros de l'espace. Sont finalement désignés Tom Stafford, pionnier et expert en manœuvres d'amarrage, Vance Brand, qui n'a jamais volé, et Deke Slayton, qui n'a jamais volé non plus (mais qui a été l'un des sept d'origine du programme Mercury, et a dirigé presque dix ans le bureau des astronautes). Mais, alors que la NASA veut rendre la nomination publique, survient un premier souci de cohabitation: par tradition, les Soviétiques s'entraînent à la forma-

Valeri Koubassov (à gauche) et Alexeï Leonov apprennent l'anglais à la Cité des étoiles.

tion de cosmonaute, et passent uniquement les six derniers mois à se familiariser avec leur mission, ils ne veulent pas révéler la composition de l'équipage…

Ce ne sera pas possible pour Apollo-Soyouz : les deux groupes américains et soviétiques vont faire au moins cinq séjours de plus d'un mois en URSS et aux États-Unis. Bien vite, les directions respectives se décident : l'équipage américain est confirmé en février 1973, tandis qu'Alexeï Leonov (le Russe qui a raté la Lune, mais était le premier « marcheur de l'espace ») et Valeri Koubassov, les deux cosmonautes du projet, sont annoncés en fanfare à Paris en juin, à l'occasion… du salon du Bourget.

4. LES ÉQUIPAGES

Commandant du vaisseau Apollo

Thomas Stafford, né en 1930 et issu du deuxième groupe d'astronautes de la NASA en 1962, est considéré comme le « monsieur Rendez-vous » de la NASA lors de la mission Apollo-Soyouz. Après une première rencontre orbitale sur Gemini-6 en 1965, il devient l'astronaute avec le plus court intervalle entre deux vols, puisqu'il repart pour Gemini-9, moins de six mois plus tard. Ingénieux, il se débrouille pour perfectionner la technique d'approche lors de ces rencontres orbitales. Thomas Stafford sera très impliqué dans le programme Apollo, au point d'accepter l'un des rôles les plus ingrats avec ses collègues John Young et Gene Cernan sur Apollo-10 : la répétition générale de l'atterrissage lunaire, mais le module n'a pas les moyens ni l'autorisation de descendre à moins de dix kilomètres de la surface. En 1969, il devient responsable du

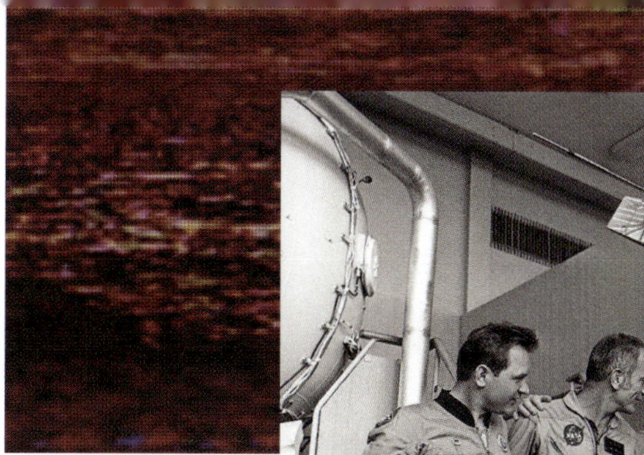

Les membres de l'équipage posent à la Cité des étoiles devant un simulateur Soyouz. De gauche à droite, Valeri Koubassov, Deke Slayton, Alexeï Leonov, Thomas Stafford et Vance Brand.

corps des astronautes américains. Il est très inquiet et affecté par la mort des trois cosmonautes lors de la catastrophe de Soyouz-11, et demandera à porter l'un des cercueils lors des cérémonies funéraires en juillet 1971. Profondément impliqué dans les relations Est-Ouest durant cette période, il est le choix logique de la NASA pour Apollo-Soyouz, et commandera la capsule Apollo.

Thomas Stafford et Alexeï Leonov deviennent de très bons amis, par-delà les relations de leurs nations respectives. Durant la préparation Apollo-Soyouz, Alexeï embarque Thomas dans de longues virées en voiture dans la toundra russe pour les week-ends. Après la mission, et même alors qu'ils sont retraités, les deux hommes gardent de vrais liens d'amitié; ils se voyaient encore en 1998 pour de fringantes parties de pêche et de plongée.

Pilote du vaisseau Apollo

Vance Brand, né en 1931, fait partie du sixième groupe d'astronautes sélectionné par la NASA, en 1966. Il ratera de peu la sélection des équipages principaux pour les missions Apollo, étant même choisi pour piloter le module de commande de la mission Apollo-18, qui n'a jamais eu lieu. Une situation qui se répète pour le projet Skylab: Vance Brand est remplaçant. Mais, lorsqu'il voit la visite de plusieurs cosmonautes, dont Vladimir Chatalov et Alexeï Ieliseïev (les plus expérimentés parmi les cosmonautes de l'époque) au Texas, il ne va pas laisser passer sa chance. Il participe aux réceptions, décide de payer de sa poche ses premières leçons de russe. Apollo-Soyouz sera son premier vol. Contrairement à ses coéquipiers, il choisit de rester astronaute et capitalise son expé-

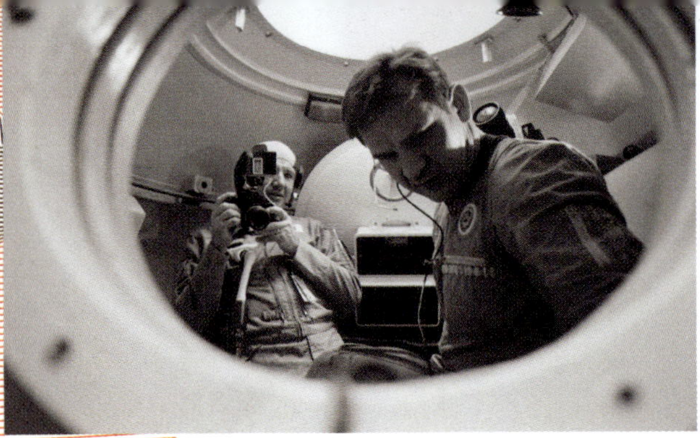

Vance Brand et Valeri Koubassov passent en revue les activités prévues lors de la seconde visite en orbite entre les deux équipages.

rience au sein du programme de navettes STS. Brand participera à deux des premiers vols, STS-5 et STS-41B, avant de commander une dernière mission de la navette Columbia dédiée à l'astronomie, en 1990 (STS-35).

Pilote du module d'amarrage d'Apollo

Deke Slayton, né en 1924, faisait donc partie du tout premier groupe d'astronautes américains, les « Mercury-7 ». Mais, à la suite de la découverte d'un problème de défibrillation cardiaque, il ne peut se qualifier pour réaliser son vol orbital. Combatif, Deke Slayton ne baisse pas les bras. Il cesse de fumer, ne boit plus, se conforme à tous les programmes des médecins de la NASA. Il devient le responsable de la sélection des équipages, entre 1963 et 1972, et se forgera à ce poste une réputation d'intégrité et de volonté inébranlables. Deke Slayton fera des pieds et des mains pour obtenir sa place sur le projet Apollo-Soyouz, en profitant de la disgrâce des astronautes d'Apollo-15, engagés à l'époque dans un petit scandale interne à la NASA : un trafic philatélique embarqué en douce sur la Lune… Passant de manager à celui d'astronaute inexpérimenté, il deviendra l'astronaute le plus âgé à partir sur orbite, à 51 ans – record qui tiendra jusqu'en 1983. Deke Slayton est mort en 1993.

Commandant du Soyouz-19

Alexeï Leonov, né en 1931, était considéré comme le plus grand cosmonaute soviétique en 1975. Sélectionné en 1960 avec Gagarine et dix-huit autres collègues, il sera le premier à réaliser une sortie orbitale en scaphandre, le 15 mars 1965. Constatant, après douze minutes passées à l'extérieur de la capsule Voskhod-2, que sa combinaison a gonflé et s'est rigidifiée, rendant très difficile son retour par la petite écoutille du sas, il prendra le risque de dépressuriser lentement son scaphandre pour pouvoir se glisser dans le vaisseau, transformant ce qui aurait pu devenir une catastrophe en un retentissant succès. Il sera nommé commandant du corps des cosmonautes lunaires en 1966 et, à ce titre, aurait eu la priorité pour être le premier Soviétique à marcher sur la Lune. Mais ces missions sont finalement avortées, et Leonov volera une dernière fois sur Apollo-Soyouz, avant de diriger le corps des cosmonautes jusqu'en 1982.

Ingénieur du vol du Soyouz-19

Valeri Koubassov, né en 1935, peut être considéré comme un « monsieur Chance ». Par la force des choses, il évite la mort en 1968, puisqu'il était initialement prévu qu'il pilote la capsule Soyouz-2 pour son rendez-vous orbital avec Soyouz-3. La mission sera finalement inhabitée: elle aurait été fatale, car Soyouz avait alors un problème de déploiement de parachutes lors de sa rentrée atmosphérique. Il réalise son premier vol orbital en 1969, puis souffre des poumons quatre jours avant le lancement de Soyouz-11 en 1971, ce qui l'empêche d'effectuer la mission, ainsi que ses coéquipiers Alexeï Leonov et Piotr Kolodine. Ce départ avorté au profit de l'équipage bis va néanmoins leur sauver la vie: Soyouz-11 est victime d'une dépressurisation lors de son retour, tuant ses trois passagers.

Après Apollo-Soyouz, Koubassov effectuera un troisième vol sur Soyouz en 1980, passant une semaine sur la station Saliout-6. Il est décédé en 2014.

Les équipages ne reçoivent pas qu'un entraînement technique, ils sont les premiers à découvrir en profondeur la réalité des nations qui les accueillent. Vance Brand se souvient de ces échanges riches en expériences: « Notre entraînement culturel consistait à se rendre à des endroits comme Samarkand, qui était en Ouzbékistan, près de Baïkonour, pour nous familiariser avec la culture du pays. Ils ont tant de langues, croyez-le ou non, et des cultures, des sous-sociétés au sein de leur pays, que c'était important pour nous de voir, en quelque sorte, cette diversité. Nous sommes allés à Leningrad, à Kalouga (où nous avons visité un musée de l'Espace), à Zagorsk (qui est le centre de l'Église orthodoxe de Russie) et, même si à cette époque l'Église était sous-représentée, ils nous ont montré qu'elle existait encore. Nous sommes allés à Vladimir, lieu de naissance de Valeri Koubassov, l'un de nos collègues, il a grandi là-bas. C'est par là que la Horde d'Or est arrivée de l'est, cinq ou six cents ans plus tôt. [...] Donc, ils nous ont montré un peu de leur histoire.

« Nous aussi avons reproduit cette expérience. Nous les avons emmenés dans des ranchs des environs de Houston. Par exemple, nous les avons embarqués à King Ranch, au sud du Texas. Nous étions à un moulin, et les ouvriers ont mis au barbecue un demi-bœuf, aussi nous étions avec eux, dans le bush, pour leur montrer un peu comment était l'Ouest de l'époque. Nous les avons emmenés à Disneyland, et Alexeï était très impressionné... À l'époque, l'Amérique était un pays très mystérieux pour eux. Un jour, alors que nous roulions en voiture sur la Gulf Freeway, Alexeï regardait autour de nous et il me dit: "Pourquoi avez-vous tellement de couleurs de voitures?" Vous savez, à l'époque, ils avaient juste le choix entre le gris, le noir, ce genre de couleurs en Union soviétique... »

Du 19 au 30 novembre 1973, les Américains font un voyage très officiel, et se font exposer pour la première fois les techniques et matériels russes dans le détail à la Cité des étoiles. C'est aussi l'occasion de partager les activités physiques des cosmonautes soviétiques, mais aussi d'échanger avec eux lors de soirées. En dehors des heures de travail, les deux équipes font du jogging, nagent et partagent des bains de vapeur dans la grande tradition russe. Il a même été rapporté qu'à l'occasion d'une pause le long de la route entre Moscou et la Cité les deux camps se sont engagés dans une bataille de boules de neige, événement mémorable pour les Américains qui résidaient à l'année à Houston, dans un climat presque tropical!

SUIVIS PAR LE KGB

Lorsqu'ils sont arrivés pour préparer la mission en URSS avec leurs homologues soviétiques, les astronautes américains s'étonnent d'être reçus comme des VIP. Dans les avions qu'ils empruntent, ils ont toujours droit aux meilleures places et sortent avant les autres passagers. Aucun astronaute n'a eu besoin de passer par les bureaux des visas, et les personnels des salons étaient briefés pour être à leur service à tout moment. Mais les Américains ne sont jamais seuls, ils ont toujours une escorte, fournie à la fois par l'ambassade et par les services russes. Ils n'ont pas, après la signature du contrat, le droit de séjour à la Cité des étoiles, alors réservée aux cosmonautes soviétiques: chaque matin, le voyage est codifié à l'extrême. Les astronautes partent de leur hôtel dans un bus spécial, aux couleurs américaines et russes, escorté par des voitures de police aux sirènes hurlantes jusqu'à la gare, où le train peut ensuite les conduire jusqu'au temple de l'astronautique russe. Ce n'est qu'en juillet 1974 que les Américains pourront rester à la Cité des étoiles, dans un nouveau bâtiment le long d'un des deux lacs qui font partie du complexe.

Les astronautes ont reçu des instructions, ils savent qu'ils sont surveillés par le KGB, ce qui ne les empêche pas de jouer de cette surveillance. Après une

petite réception à l'ambassade, Thomas Stafford se fait raccompagner à son hôtel dans une voiture avec chauffeur américain. Mais, alors qu'il regarde derrière eux, une voiture les suit, avec un seul phare allumé. Réalisant que leurs poursuivants avaient à l'évidence oublié d'éteindre cette lampe, il demande à son chauffeur d'accélérer. Derrière eux, la voiture accélère également. Dans un pur style américain, Stafford aurait dit: « OK, amusons-nous avec ces mecs. » Leur véhicule s'engage sur le Garden Ring, le périphérique moscovite, et continue d'accélérer, jusqu'à ce que la circulation devienne beaucoup plus dense. Lorsque les deux voitures, l'une derrière l'autre, sont totalement bloquées sur cette grande avenue, Thomas Stafford sort de sa voiture et toque à la vitre de leurs « surveillants ». À l'intérieur, quatre agents à la carrure impressionnante, trois hommes et une femme engoncés dans leurs vestes aux cols montants, chapeaux à larges bords, font semblant de ne pas le voir. Frappant à la vitre embuée, l'astronaute américain s'amuse de la situation, leur lance: « Eh camarades, allez vous faire voir! », puis retourne dans sa voiture. Au-delà de ces petits jeux, les astronautes sont aussi surveillés pour leur sécurité: nombreux sont ceux qui, en Union soviétique comme aux États-Unis, ne voient pas ce rapprochement d'un bon œil…

La préparation des vols n'est pas épargnée par l'ambiance de secret qui entoure les programmes spatiaux. Si les bases de Houston et de Kennedy sont des établissements publics, il n'en est pas de même pour le côté russe: le centre spatial de Baïkonour était tenu au secret absolu. À tel point que, lorsque l'équipage commun de la mission Apollo-Soyouz s'est rendu au Kazakhstan pour les derniers préparatifs et visiter la capsule Soyouz, le voyage s'est effectué uniquement de nuit, à l'aller et au retour. Aucune visite ne fut programmée, les Américains furent emmenés directement au bâtiment qui les concernait et n'eurent accès qu'à la capsule Soyouz-19…

VLADIMIR SYROMIATNIKOV, LE CONCEPTEUR QUI RASSEMBLE

Né en 1933 à Arkhanguelsk, Vladimir Syromiatnikov fut un atout clé dans le programme spatial de l'URSS. Après une première intervention sur la capsule Vostok qui envoya Gagarine en orbite, il travailla aux côtés de Sergueï Korolev, le concepteur des fusées R-7 et instigateur des grandes premières spatiales soviétiques. Il en résulta les premiers mécanismes d'amarrage des vaisseaux Soyouz, qui autorisèrent un premier transfert de cosmonautes en 1969.

Vladimir Syromiatnikov, qui aimait être appelé *The Big Cheese* aux États-Unis, travailla avec les Américains dès la définition d'Apollo-Soyouz. Ses capacités sur les technologies de rendez-vous en faisaient un expert indispensable: c'est lui et son équipe qui conçurent le système d'amarrage universel APAS (Androgynous Peripheral Attach System) nécessaire à la mission. Employé par NPO Energia jusqu'à la fin de sa vie, Vladimir Syromiatnikov vit ses conceptions être utilisées sur des vaisseaux Progress, mais aussi sur la station Mir et la Station spatiale internationale, puisque le système développé sur le projet Apollo-Soyouz serait repris pour créer l'interface entre la navette américaine et les avant-postes orbitaux.

À presque 70 ans, l'ingénieur russe enseignait encore à la Cité des étoiles la théorie de son système aux astronautes et cosmonautes, leur transmettant inlassablement son savoir « en première main ». Héros de l'Union soviétique, grand ami de l'île de La Réunion, il fut notamment le parrain du premier satellite collégien au monde, « Spoutnik 40 ans », réalisé par des élèves réunionnais et russes. Après sa mort en 2006, un monument à sa mémoire fut érigé aux abords de la ville de Saint-Denis de La Réunion, simplement surnommé le « rond-point Vladimir ».

DES ÉCUSSONS SOIGNEUSEMENT CONÇUS

Initialement imaginé pour un pin's, l'insigne officiel de la mission ASTP fut dessiné par une architecte et artiste russe, Galina Balashova. Il s'agissait de garantir une parfaite équité et d'empêcher tout préjugé. Ainsi le dessin est-il totalement réversible, et sans orientation particulière, les noms des vaisseaux étant placés sur les bords opposés (écrit en latin pour l'Apollo et en cyrillique pour le Soyouz), et entourant un globe terrestre devant lequel s'effectue l'amarrage.

Destiné à être porté sur les combinaisons de vol, le patch des équipages, lui, est l'œuvre de Jean Pinataro, un dessinateur de North American Rockwell, le maître d'œuvre du module de commande du vaisseau Apollo. Un premier projet avait été refusé par la NASA parce qu'il ne reflétait pas assez le caractère international de la mission, mais aussi parce qu'il présentait des drapeaux trop nationaux… Jean Pinataro s'inspira alors largement d'une toile réalisée sur le sujet par le peintre officiel du programme spatial américain, Robert McCall. Mais il ne reprit pas la même forme des rayons solaires, qui aurait pu être interprétée comme un symbole religieux. Comme pour l'insigne officiel de la mission, les noms des vaisseaux apparaissent dans leurs langues respectives, ainsi que les noms des membres d'équipage. Les trois étoiles dans le carré bleu et les deux médailles d'or dans le carré rouge correspondent respectivement aux astronautes américains et soviétiques.

Attribué à l'artiste russe V. F. Knor, un autre projet d'écusson fut proposé, entremêlant les drapeaux des deux puissances et entouré des noms des vaisseaux, en latin et cyrillique, et de la mention « VII-1975 ». Bien que jugé trop politisé par les Américains, il fut porté par les deux cosmonautes russes, en plus du patch officiel des équipages…

DES TIMBRES PAR MILLIONS…

Comme de nombreuses missions spatiales, le vol américano-soviétique a donné lieu à la production de timbres, dès 1975, aussi bien en Russie qu'aux États-Unis. Une paire identique, similaire à l'écusson des équipages, a été réalisée par l'Américain Robert McCall et le Russe Anatoli Aksamit pour des timbres de 10 cents américains (imprimés à plus de 160 millions d'exemplaires par feuille de 12 paires) et des timbres de 12 kopecks russes.

UNE RETOMBÉE… FUMANTE

En lançant une édition limitée de cigarettes célébrant la première liaison spatiale internationale (l'Apollo-Soyouz Test Project), Philip Morris est le premier producteur de tabac américain à s'introduire sur le marché soviétique. L'opération a visiblement été un échec commercial aux États-Unis, du fait d'un prix de vente trop élevé, mais une véritable réussite en URSS. D'ailleurs, la marque existe toujours en Russie, où les éditions limitées se succèdent. Il est amusant de voir que les visuels sont parfois assez éloignés de l'événement d'origine (des lunes de Jupiter ou un scaphandre américain) ou de remarquer que, entre un paquet « S-19 » (pour Soyouz-19) et un « A-18 » (pour Apollo-18), c'est le premier qui a le plus fort taux de nicotine…

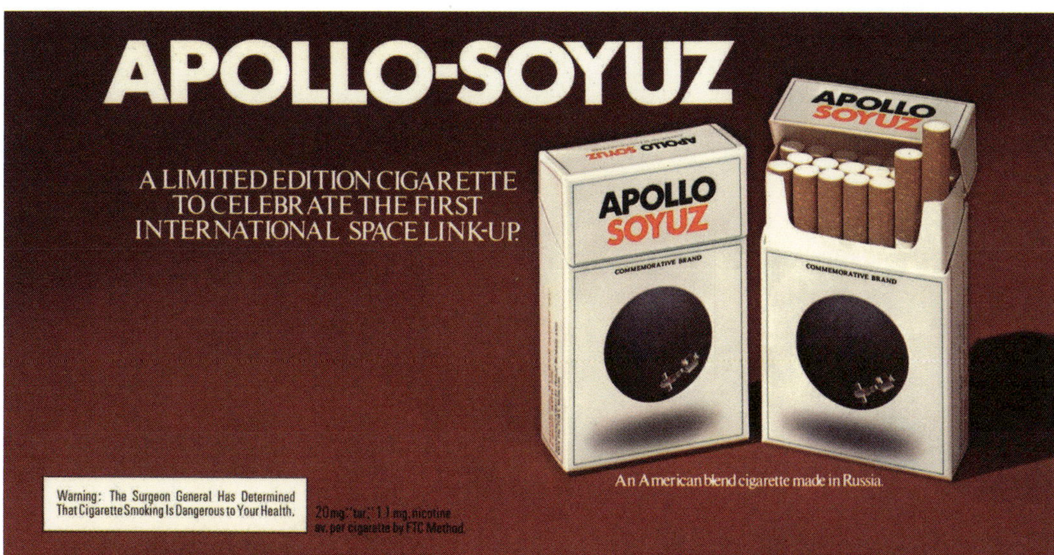

5. LA MISSION

15 juillet 1975

« Païekhali! »

Le premier jour de la mission Apollo-Soyouz a démarré par le lancement de Soyouz-19, sur une orbite basse de 220 kilomètres. Un lancement extrêmement précis, à moins de 3 kilomètres de la trajectoire prévue (une marge négligeable), qui permet de décrire un tour de la Terre toutes les 88 minutes et 30 secondes. Au centre Kennedy en Floride, le remplissage des réservoirs de la fusée Saturn-1B, qui embarque la capsule Apollo-18 et le module d'amarrage dans sa soute, est en cours. La météo se maintient, et les derniers obstacles au lancement sont levés. « Belle journée pour voler! », annonce le commandant américain aux équipes au sol. Puis, quelques minutes avant le lancement, il ajoute: « Dites à l'équipage de Soyouz de se préparer, on arrive! »

9 minutes et 30 secondes après leur décollage, Tom Stafford, Vance Brand et Deke Slayton se trouvent également sur orbite. Deke Slayton regarde par le hublot et s'exclame: « Je vous assure, ça valait vraiment le coup d'attendre seize ans! » Brand, lui, pense aux équipes au sol et lance en russe: *« Miy nakhodimsïa na orbite! »* (« Nous sommes sur orbite! »).

Les deux vaisseaux n'étant pas encore en contact, tous les ordres sont répercutés par Houston, vers Moscou, puis à la capsule Soyouz. Leonov et Koubassov n'ont plus qu'à guetter l'arrivée de leurs amis américains. Ces derniers doivent encore effectuer la manœuvre de récupération du module d'amarrage, toujours fixé au dernier étage de la fusée. Thomas Stafford retourne la capsule Apollo et la place dans l'axe pour venir s'amarrer sur ce fameux module, qu'ingénieurs et techniciens des deux nations ont pris presque quatre ans à concevoir et assembler. Toutefois, cette opération de routine manque de virer au drame... Contrairement aux autres missions Apollo, capsule et fusée sont en orbite basse autour de la Terre, et non en route vers une orbite lunaire. Le Soleil, qui se reflète durement sur l'océan que survole le vaisseau, aveugle la lunette qui permet d'aligner Apollo et son module d'amarrage. Moment de tension: le commandant réussit tout de même à s'approcher « à vue » avant de devoir stabiliser la capsule, et d'attendre d'être de l'autre côté de la planète, une vingtaine de minutes plus tard. Heureusement, le matériel fonctionne à merveille: l'amarrage est effectif et Apollo peut démarrer à sa

.a fusée Saturn-1B parée au décollage
ıvec la capsule Apollo.

prochaine orbite la série de petits allumages de son moteur, pour augmenter son orbite et lentement rattraper l'équipage russe.

Un second problème apparaît au moment où les astronautes américains doivent aller se coucher – les Soviétiques dorment déjà, mais, de leur côté, le vol n'a posé aucun problème jusque-là. En tentant d'ouvrir l'écoutille vers le module d'amarrage pour y stocker une pièce, Brand a coincé le mécanisme en position semi-ouverte. Impossible d'ouvrir la trappe, impossible également de la refermer de façon étanche. Le module d'amarrage est équipé d'écoutilles de chaque côté, qui doivent systématiquement être refermées après le passage d'un des membres d'équipage, russe ou américain : Soyouz et Apollo n'utilisent pas les mêmes systèmes d'atmosphère... L'air à haut pourcentage d'oxygène aurait posé un trop grand risque de feu dans Soyouz, tandis que le filtrage de l'air américain aurait rendu l'âme avec le ratio d'air « terrien » appliqué dans le vaisseau soviétique. D'où l'importance de ce bloc d'amarrage, à la fois liaison entre les esprits et les nations de l'Est et de l'Ouest, pont au-dessus du rideau de fer et nécessité technique.

Après une demi-heure d'efforts, passé minuit à l'horaire de bord, équipage et équipes au sol décident de reporter le problème au lendemain. Comme pour de nombreux autres efforts du programme Apollo, ce sont les ingénieurs et responsables au sol qui trouveront la solution : le lendemain à 9 h 30, la situation est débloquée. La journée du 16 juillet marque alors le voyage

des vaisseaux l'un vers l'autre, et la préparation du grand rendez-vous. Astronautes et cosmonautes vérifient que les communications sont bien réglées, et que les caméras de télévision pourront être activées pour immortaliser le moment crucial depuis le sol. En anticipation des activités à venir, les deux équipages passent majoritairement leur temps à… se reposer.

17 juillet 1975
Ennemis sur terre, amis sur orbite

C'est le signal de guidage qui réveille l'équipage sur Apollo, à 3h07, pour réaliser une manœuvre. Les deux vaisseaux se rapprochent et Apollo ralentit par sécurité. Il faudra attendre 8 heures du matin pour que Vance Brand aperçoive le Soyouz dans son sextant, simple point brillant devant les étoiles. Quelques minutes plus tard, les équipages soviétiques et américains établissent le contact radio. Pourtant, les deux vaisseaux sont encore à 220 kilomètres l'un de l'autre. Deux heures plus tard, à 10h46, les vaisseaux ne sont plus qu'à quelques kilomètres de distance. Les deux agences au sol donnent leur autorisation pour la manœuvre. Lorsque Apollo arrive à moins de 800 mètres du module soviétique, chaque équipage se prépare au pire scénario. Dans Soyouz, toutes les écoutilles sont fermées, Leonov et Koubassov sont réfugiés dans le module de commande, laissant le module orbital désert. Au sein d'Apollo, les astronautes serrent les sangles de leurs sièges. Braquées sur la scène, les caméras filment vers la Terre des images de Soyouz, vaisseau d'un vert détonnant sur le noir de la voûte céleste. Comme les deux vaisseaux arrivent alignés, ni Leonov ni Koubassov n'ont d'indication sur la situation autrement que par contact radio. Mais la cap-

À gauche : la capsule Apollo et son nez, le module d'amarrage pour le rendez-vous en orbite. À droite : à travers les hublots d'Apollo, le vaisseau soviétique Soyouz-19 à l'approche du rendez-vous.

sule américaine arrive à petite vitesse, inférieure à trente centimètres par seconde, pile au centre de la mire d'amarrage. De petits vérins hydrauliques sur le module de jonction absorbent le choc: à 11h10, les vaisseaux américains et soviétiques ont réussi leur rendez-vous, à 229 kilomètres au-dessus de l'Europe, un peu plus de trente ans après la jonction entre les troupes alliées et soviétiques en avril 1945, lors de la Libération.

Au sol, les équipes se félicitent: la mission est d'une telle importance qu'elle dépasse l'action de tout ambassadeur. Pour autant, un échec ou un accident, et les répercussions au sol en auraient été amplifiées à l'envi... À Houston, de grandes délégations de célébrités et de consuls venus observer ce moment historique se serrent la main. Dans l'assemblée, un Français, pionnier lui aussi, est émerveillé: le commandant Jacques-Yves Cousteau.

Mais deux heures de plus s'écouleront avant la rencontre tant attendue entre les astronautes. Il faut vérifier l'amarrage des deux vaisseaux, puis se préparer, équilibrer le module d'amarrage pour le passage des Américains, avant d'équilibrer à nouveau le sas une fois Stafford et Slayton installés dans le passage. Brand restera en arrière lors de la manœuvre, tout comme Koubassov reste proche du module de pilotage: par sécurité les agences ont exigé que les équipages soient prêts à effectuer une manœuvre de détachement d'urgence... Enfin, tout est paré et les pressions sont équilibrées. Thomas Stafford ouvre la dernière écoutille, passe la tête dans le module Soyouz. Il y remarque qu'il y a autant de câbles qui flottent dans ce petit espace que dans la capsule

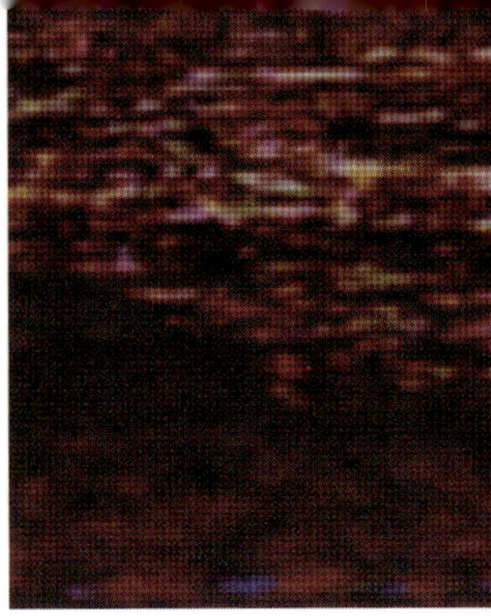

La rencontre Apollo-Soyouz, dessinée par l'artiste américain Robert T. McCall en 1975.

américaine, puis appelle Leonov: « Alexeï, nos spectateurs sont par ici, viens s'il te plaît! » À 14h17, la première poignée de main orbitale entre les deux ennemis de la guerre froide restera chaleureuse pour l'éternité. Conscients des défis que chaque acteur de ce projet a relevés, les quatre astronautes prennent le temps de savourer ce rendez-vous. La France, elle, n'est pas si éloignée lors de cette poignée de main, puisque l'histoire retiendra que c'est au-dessus de la ville de Metz qu'elle a pu avoir lieu.

C'est l'heure des cérémonies protocolaires. Valeri Koubassov prend la parole, pour lire en direct et en anglais à la télévision une lettre de Leonid Brejnev: « C'est une nouvelle ère spatiale qui commence! » Puis le président américain Gerald Ford s'entretient avec les deux équipages au téléphone, en dépassant le temps de parole prévu, visiblement impressionné et curieux de poser des questions à chacun de ces nouveaux héros des relations Est-Ouest. Plusieurs cadeaux sont échangés à cette occasion, et l'équipage assemble une plaque commémorative dont les moitiés séparées ont décollé d'URSS et des États-Unis. Un premier banquet est partagé, longuement préparé dans la phase de planification de ce vol historique: les goûts des astronautes, les préférences et les habitudes spatiales des deux nations ont mené à un véritable programme de recherche sur la nourriture spatiale! Après ces trois heures riches en émotions, astronautes et cosmonautes se retirent dans leurs vaisseaux respectifs pour les dernières opérations de la journée, et un repos bien mérité: avant 20 heures, les deux équipages s'endorment à l'unisson...

18 juillet 1975
Échanges et expériences

Les deux équipages se lèvent en horaires décalés : le fuseau horaire retenu est celui du méridien de Greenwich (GMT), mais cela diffère de la dynamique habituelle. Les Soviétiques opèrent donc plus tard, et les Américains plus tôt qu'à leur habitude. Cette fois, c'est Brand qui se déplace dans la capsule russe, pour ce que Koubassov décrira comme la télévision spatiale soviéto-américaine : le Russe détaille à son collègue, dans un parcours maintes fois répété au sol, les différents instruments du module Soyouz, en expliquant les basiques du vol de la capsule. À son tour une heure plus tard, c'est Thomas Stafford qui décrira en russe à la caméra tenue par Leonov les principaux éléments du module Apollo. Les deux équipes mettent en œuvre des expériences scientifiques toute l'après-midi, notamment un four à fusion pour deux métaux différents, dont on ne peut créer un alliage sur terre, mais pour lesquels l'apesanteur pourrait donner de nouvelles propriétés.

Un troisième transfert aura lieu ce jour-là, pour la tant attendue conférence de presse en orbite. Toutefois, les membres de cet équipage binational feront très attention à ne pas sortir des sentiers battus. Lorsqu'on demande à Leonov s'il aime la nourriture américaine, il répondra : « J'aime comme elle est préparée, sa fraîcheur. Vous savez, le plus important dans un dîner, ce n'est pas ce que vous mangez, mais avec qui vous le mangez. » Tous les cinq prennent des photos de la Terre, commentent les régions qu'ils survolent, échangent des graines issues de leurs pays d'origine. Ils profitent de la présence des uns et des autres, car il est bientôt l'heure de fermer définitivement les écoutilles du module d'amarrage. Après les dernières poignées de main, ce sont les commandants respectifs, Leonov et Stafford, qui se chargent de verrouiller les ouvertures.

LA LÉGENDE URBAINE DU CRAYON SOVIÉTIQUE

C'est devenu une histoire populaire, censée illustrer les ravages d'une administration lourde et qui perd le sens des réalités d'une part, ou la débrouillardise d'autre part. Une « anecdote » que l'on retrouve un peu partout et dans bien des versions sur la toile aujourd'hui : « Lorsque la NASA s'est aperçue qu'elle ne pouvait pas utiliser des stylos à bille en orbite, elle a dépensé des millions de dollars pour obtenir un stylo capable d'écrire dans toutes les positions, à toutes les températures, pressions et sous l'eau. Les Soviétiques, eux, ont utilisé un crayon. » Si elle déclenche toujours le sourire, cette histoire est fausse à bien des égards. D'abord, des crayons ont bel et bien été utilisés dans les premières années de la conquête spatiale. Mais le bois est une matière inflammable, tandis que le carbone des mines est un redoutable conducteur: à proscrire dans un environnement en oxygène pur avec des connectiques et des centaines de mètres de câblages non protégés… Plus cocasse encore, à partir de 1967 Américains et Soviétiques ont usé des mêmes stylos, fabriqués aux États-Unis et développés sur fonds propres par la Fisher Pen Company. Utilisant un tube pressurisé, ces derniers peuvent effectivement servir en toute condition.

19 juillet 1975
Rendez-vous et départs

L'équipage américain s'est endormi si fatigué la veille, que la musique transmise par les contrôleurs au sol pour les réveiller n'arrive pas à les tirer de leur sommeil! La première activité du jour nécessite que les deux vaisseaux se séparent: la capsule Apollo et son module de service viennent masquer la lumière du Soleil, pour que l'équipe russe puisse réaliser des études de coronographie. Expérience dupliquée au même instant sur terre, pour pouvoir mesurer l'influence de l'atmosphère terrestre sur l'observation de la couronne solaire. Puis les deux vaisseaux s'éloignent l'un de l'autre pour mener des expériences sur la propagation et l'absorption des rayons ultraviolets. Enfin, un second essai de rendez-vous orbital est réalisé pour valider différentes configurations des vaisseaux par rapport au module d'amarrage. Mais cette fois, comme lorsque Apollo essayait d'attraper ce module au premier jour de son vol, les reflets du Soleil empêchent une approche impeccable. Deke Slayton, qui arrive toutefois à « accrocher » le vaisseau russe, laissera une petite poussée supplémentaire: les vaisseaux oscillent un long moment avant que la situation soit rétablie. Toutefois, la technologie d'amarrage a une fois de plus tenu bon, et les mécanismes de rendez-vous ont parfaitement rempli les exigences des concepteurs des deux nations.

À 10h27, Apollo et Soyouz se quittent pour la dernière fois. Alors que Soyouz rapetisse dans le petit hublot d'Apollo, Vance Brand envoie un message VHF vers le vaisseau soviétique, de lui et de ses camarades riant et criant, avec en bande sonore ajoutée des exclamations de sa femme et de sa fille, tentant une dernière blague pour ses amis russes: maintenant qu'ils sont partis, la fête peut véritablement commencer! Mais les vaisseaux ne sont plus correctement alignés et Leonov affirmera n'avoir jamais entendu l'enregistrement, au grand désarroi de son ami américain. Au sein de la capsule soviétique, les cosmonautes se reposent et se préparent pour leur rentrée atmosphérique, le 21 juillet. Les expériences américaines vont se poursuivre encore quatre jours dans la toute dernière capsule Apollo.

25 juillet 1975
Tout le monde à la maison

Après l'atterrissage sans encombre de l'équipage soviétique au Kazakhstan, les astronautes d'Apollo n'attendent pas de surprise pour leur retour, après avoir largué la veille le module d'amarrage. Mais le sort s'acharne et ne les laissera pas s'en tirer sans une dernière frayeur. Lors de la descente, alors que le vaisseau ralentit à cause de l'atmosphère, aucun des trois astronautes n'entend le couvercle se détacher, ni le premier parachute sortir de son compartiment. Pour une raison inconnue, la procédure automatique n'a pas marché. Aussitôt, Brand débloque le panneau de commande et appuie sur les deux boutons de déploiement. Apollo se met alors à vibrer et à tanguer. Le vaisseau compense pour garder son profil de vol, et utilise pour cela ses propulseurs auxiliaires, dont la fumée très toxique rentre dans la capsule. Du tétroxyde d'azote s'infiltre plusieurs fois, laissant les astronautes tousser et aveuglés pour la dernière phase de l'amerrissage. Aussitôt le vaisseau posé dans les vagues, Stafford, qui a été le moins touché, distribue les masques à oxygène et ouvre le sas: il y a urgence, Slayton tousse sans s'arrêter, et Brand est inconscient. Heureusement, l'air circule et les trois Américains peuvent reprendre leurs esprits... Après leur récupération, ils passeront tout de même deux semaines alités et soignés par les équipes de la NASA...

6. DES CHEMINS DIFFÉRENTS

Les astronautes et cosmonautes de la mission ASTP sont de nouveau réunis dès le mois d'août 1975, pour une tournée triomphale en URSS, où ils resteront deux semaines, recevant les honneurs à chaque étape. Puis c'est l'envol vers les États-Unis et la suite de la parade, de Washington jusqu'à la Californie. Familles et équipages renforcent encore leurs liens lors de cette belle expérience, ces derniers soulagés du poids d'une mission qu'ils n'avaient, pour ainsi dire, pas le droit de rater. On peut noter toutefois que lors d'une interview à la NASA Thomas Stafford a avoué avoir changé le programme de ce grand tour: il était en effet prévu que le convoi se rende à Las Vegas. Or, sous la pression des astronautes, l'étape fut annulée au profit de villes connexes. L'arrivée de la rigueur et du sens des formes soviétiques au temple des vices n'était pas du meilleur goût…

Plusieurs fois au cours de la tournée, Alexeï Leonov dira : « Nous avons réussi ensemble, maintenant nous pourrions aller sur Mars ensemble. » Mais son message restera lettre morte malgré l'enthousiasme des cosmonautes et astronautes, et le succès de la mission Apollo-Soyouz sera longtemps sans suite. D'une part, d'aucuns considérèrent qu'il s'agit du chapitre final de l'aventure Apollo. Les efforts sont désormais tournés vers un tout nouveau prototype d'avion orbital : la navette, ou STS (Space Transportation System). D'autre part, l'Armée rouge envahit l'Afghanistan en décembre 1979, et les relations se tendent de nouveau entre les deux grandes puissances. Les États-Unis décident notamment de boycotter les Jeux olympiques de 1980 à Moscou, et il faudra attendre plusieurs années pour que la tension retombe.

Du côté soviétique, Apollo-Soyouz aura démontré la portée des missions communes dans l'espace et ses avantages, sinon techniques, au moins sur le plan des relations internationales : le programme Intercosmos permettra à treize pays satellites de la Russie d'envoyer leurs premiers cosmonautes dans l'espace, entre 1978 et 1988. Pinacle de l'avancement technologique, l'accès à l'espace s'ouvre aux autres nations.

Photo de la Terre prise depuis Apollo-16.

Comme le dit si bien Vance Brand, de retour de la commémoration des vingt-cinq ans d'Apollo-Soyouz : « Je crois vraiment que nous avons fixé comme un exemple, le programme spatial, un exemple à toutes les nations. Nous étions une petite étincelle, ou un pied dans la porte qui a permis de lancer une meilleure communication. Il est difficile de dire comment cela va continuer. Sans doute, les historiens ne seront-ils pas capables de totalement démêler l'histoire. Mais nous avons une belle relation avec les Russes maintenant, et il y a nos citoyens, nos entreprises, qui travaillent avec leurs entreprises et tant d'autres choses. »

La Terre ou Mars ?

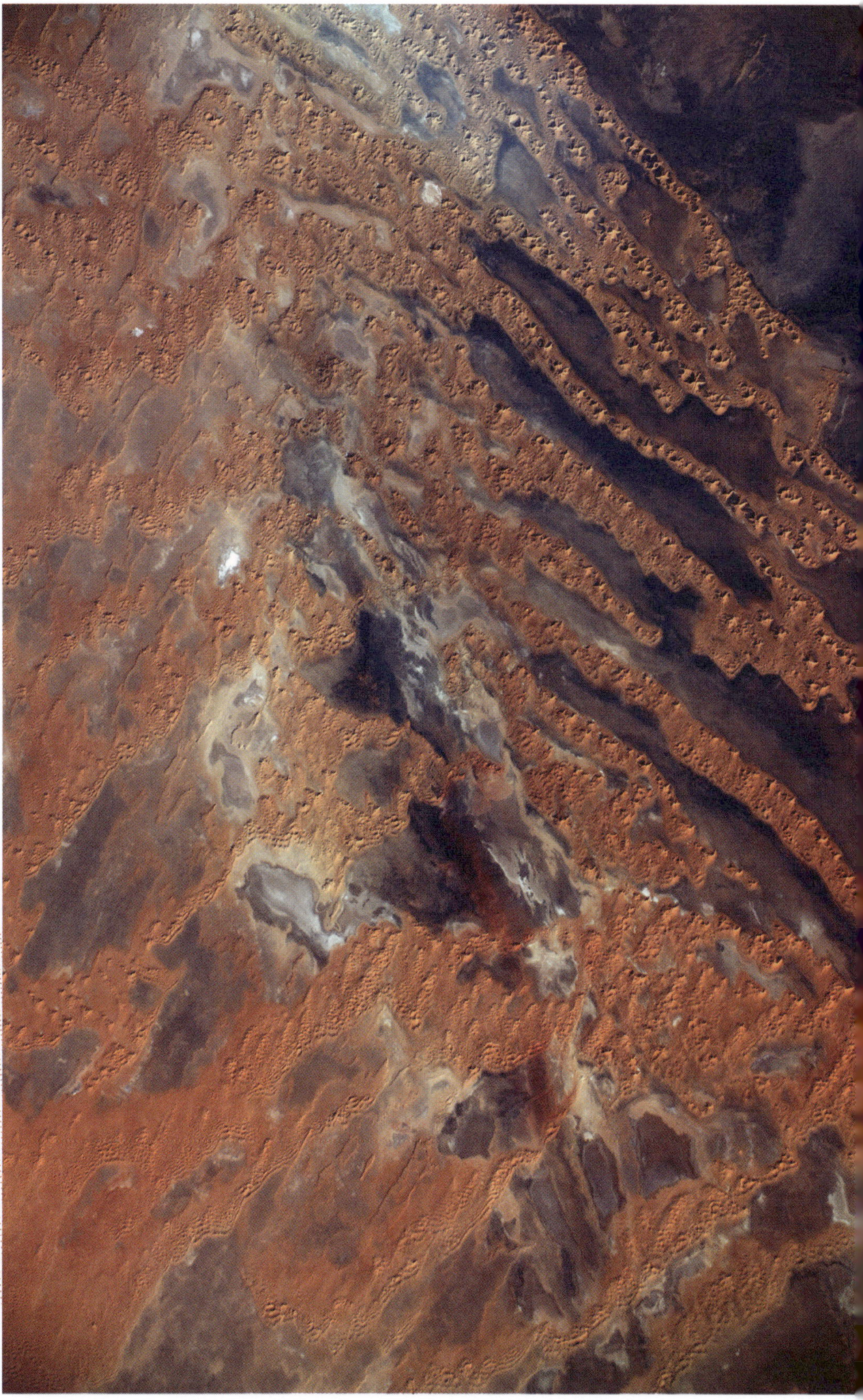

La Terre ou une étoile morte ?

II

L'Ours et le Coq, premières rencontres

1. UNE MAIN TENDUE VERS LA FRANCE

Du 26 au 28 avril 1979, le président Valéry Giscard d'Estaing se rend à Moscou afin de signer sept accords de coopération avec Leonid Brejnev, le premier secrétaire du Parti communiste d'Union soviétique. Il entend « franchir une nouvelle étape dans les contacts entre l'URSS et la France », qui ont déjà mené trente-quatre expériences communes dans l'espace depuis la visite du général de Gaulle en URSS, du 20 juin au 1er juillet 1966. À cette occasion, le président français a été le premier chef d'État étranger à assister au lancement d'une fusée depuis Baïkonour. Dès lors, l'idée d'accueillir un Français à bord d'une station orbitale soviétique est évoquée à plusieurs reprises, mais n'a pas encore été suivie d'une invitation politique forte. C'est Leonid Brejnev qui la formulera.

L'URSS, seule puissance avec les États-Unis capable d'envoyer des hommes dans l'espace (jusqu'à l'arrivée des taïkonautes chinois, à partir d'octobre 2003), aura été la première à ouvrir ses stations orbitales à des cosmonautes étrangers. Par l'intermédiaire d'Intercosmos, organisme dédié à la coopération spatiale internationale, elle a d'abord sollicité des pays du bloc de l'Est. Ainsi, le Tchèque Vladimír Remek, le Polonais Miroslaw Hermaszewski, l'Allemand de l'Est Sigmund Jähn et le Bulgare Georgui Ivanov se sont succédé à bord de la station Saliout-6, entre février 1978 et avril 1979, pour des séjours d'une semaine. La France sera donc

la cinquième nation à profiter de l'aubaine, cette fois à bord de la future station soviétique, Saliout-7, dont la mise sur orbite est prévue pour 1981.

L'accord prévoit que l'URSS offre le transport vers la station, un séjour d'une semaine à son bord et le retour en compagnie d'un équipage expérimenté. Une formation préalable de deux années sera dispensée à la Cité des étoiles pour deux cosmonautes français (le titulaire du vol et son suppléant). Le CNES paye les salaires et les frais de mission de ses cosmonautes et des agents les encadrant lors des préparatifs, développe les expériences destinées à être réalisées sur orbite, et s'engage à partager les résultats. L'investissement français revient à moins d'un million de dollars de l'époque, alors que le cadeau soviétique est estimé à environ trente millions.

À l'issue d'un long processus de sélection, entamé par le CNES puis poursuivi avec les Soviétiques, deux candidats français – sur 193 – sont retenus pour la mission PVH (premier vol habité): Patrick Baudry et Jean-Loup Chrétien, tous deux pilotes d'essais de l'armée de l'air. Leur entraînement à la Cité des étoiles démarre en septembre 1980. Un an plus tard, Jean-Loup Chrétien est désigné titulaire du vol, et Patrick Baudry, tout aussi méritant mais de huit ans son cadet, endosse le rôle de doublure.

LES PREMIERS VISITEURS ÉTRANGERS DE BAÏKONOUR

« Le général de Gaulle fut le premier Occidental à visiter Baïkonour. Les Soviétiques avaient donné à cette visite le nom de code "Opération Balma". Il assista le 25 juin 1966 aux lancements d'un satellite de météorologie de la classe Météo (Cosmos-122) et d'un missile balistique R-12. La maîtrise montrée par les Soviétiques au cours de ces lancements l'impressionna vivement.

Il fut suivi par Georges Pompidou le 8 octobre 1970. Ce jour-là, les Soviétiques mirent sur orbite le satellite-espion Cosmos-168. Le troisième président de la République française à venir à Baïkonour fut François Mitterrand à l'occasion du second vol de Jean-Loup Chrétien.

C'est le 27 avril 1975 que les premiers Américains (onze astronautes et deux personnalités de la NASA) arrivèrent à Baïkonour pour préparer le vol Apollo-Soyouz du mois de juillet suivant. Dans le climat relationnel difficile de l'époque, toutes les précautions furent prises pour ne montrer aux Américains que les installations concernées par le vol conjoint. Pour plus de sécurité, la délégation arriva à Baïkonour et en partit de nuit. Un seul journaliste, celui de l'agence Tass, fut autorisé à relater l'événement et à prendre en photo les astronautes américains au pied de la rampe de lancement du Soyouz.

Du 12 au 19 mai, une autre délégation américaine, celle des techniciens chargés de préparer le vol, séjourna à Baïkonour, puis, le 15 juillet suivant, Walter Stoessel, ambassadeur américain à Moscou, son épouse, le conseiller scientifique de l'ambassade et le directeur adjoint de la NASA assistèrent au lancement du Soyouz-19 partant à la rencontre d'Apollo-18.

À partir de 1978, chaque vol piloté d'Intercosmos fut l'occasion de recevoir des délégations officielles, ainsi que des journalistes des pays de l'Est.

Les premiers journalistes occidentaux furent invités en juin 1982 à l'occasion du premier vol de Jean-Loup Chrétien (Soyouz T-6).

Les premiers militaires américains (USAF) y furent admis à leur tour en juillet 1988 pour le lancement des sondes Phobos-1 et 2. C'était aussi la première fois que des représentants et des journalistes occidentaux assistaient à un lancement de Proton. »

Jacques Villain

SPACELAB, LE RENDEZ-VOUS MANQUÉ

La France avait déjà caressé l'espoir de participer à une mission spatiale habitée. En juillet 1973, outre le développement du lanceur Ariane, l'Agence spatiale européenne (ESA) avait décidé la construction du laboratoire Spacelab, destiné à voler régulièrement à bord de la navette spatiale américaine. Un appel à candidatures avait été lancé par chaque agence nationale en 1977. Pour la France, le Centre national d'études spatiales (CNES) avait présélectionné cinq scientifiques, dont Anny-Chantal Levasseur-Regourd (astrophysicienne au CNRS) et Jean-Jacques Dordain (chercheur en propulsion à l'Onera et futur directeur général de l'ESA). Mais aucun ne figura parmi la sélection finale, qui comporta trois physiciens (l'Allemand de l'Ouest Ulf Merbold, l'Italien Franco Malerba, le Néerlandais Wubbo Ockels), et un astrophysicien (le Suisse Claude Nicollier). Ce choix pouvait s'expliquer par un plus fort investissement de l'Allemagne dans le programme Spacelab (55 %), alors que la France avait déjà le monopole sur Ariane (63 %). L'absence de Français dans la première équipe d'astronautes européens fut vécue comme un véritable camouflet.

Soyouz et Progress au-dessus du désert.

LA DÉCISION PVH

« À la fin des années 1970, la France pouvait se considérer comme la troisième puissance spatiale après les deux très grands. Nous disposions d'un lanceur puissant et fiable, Ariane, et nous étions présents en orbite, aussi bien pour la technique des communications que celle de l'observation météorologique. Nous avions réalisé et nous avions engagé de fructueux programmes spatiaux de recherche scientifique sur l'Univers, soit nationaux, soit en coopération bilatérale ou multilatérale. Nos ambitions n'étaient pas seulement, bien sûr, scientifiques et techniques. Elles étaient aussi industrielles, commerciales et politiques. Il nous est alors apparu clairement que nous ne pourrions vraiment nous présenter comme de vrais "troisièmes" aux yeux du monde que si nous étions aussi en mesure de nous réjouir de la présence occasionnelle de compatriotes en orbite. Il eut été cependant déraisonnable de nous engager, seuls ou avec quelques partenaires européens, dans la réalisation des moyens nécessaires à des vols habités. Mais nous avions une autre voie. En effet, le CNES entretenait depuis 1966 déjà d'excellentes relations avec l'Académie des sciences de l'Union soviétique, chargée des programmes scientifiques dans l'espace. De beaux travaux, en particulier sur la planétologie, la géophysique externe, la biologie, étaient menés en coopération à la grande satisfaction des deux partenaires. Tous les ans, le CNES et Intercosmos organisaient une rencontre où les résultats étaient discutés et les nouveaux programmes proposés. Mon interlocuteur était le professeur Kotelnikov, vice-président de l'Académie des sciences de l'URSS. Pourquoi ne pas lui poser la question: "Et un Français à bord de Saliout, qu'en pensez-vous?" Rassurez-vous, je ne me suis enhardi à lui poser cette question qu'après avoir assuré mes arrières. Monsieur Valéry Giscard d'Estaing, président de la République, m'y avait autorisé, et même vivement encouragé. Vladimir Kotelnikov ne fut pas surpris outre mesure par ma question. Il en référa, me dit-il, à ses autorités, et accepta. Voilà qui justifia une joyeuse tournée de vodka. »

Hubert Curien

LA PREMIÈRE FRANÇAISE ATTENDRA

Valéry Giscard d'Estaing souhaitait que le premier Français de l'espace soit une Française. Mais seulement 26 femmes répondirent à l'annonce du CNES – plutôt discrète et exigeant un délai de réponse d'un mois et demi. Une seule d'entre elles figura parmi les cinq candidats présentés à Moscou en juin 1980: Françoise Varnier, universitaire et pilote de planeur expérimentée. Pourtant, la règle imposait que le titulaire du vol et son suppléant soient du même sexe, et une autre femme s'était hissée parmi les finalistes: Hélène Lacour, championne de voltige aérienne. Françoise Varnier fut officiellement écartée pour raison médicale.

DEUX DUPONDT À LA CITÉ DES ÉTOILES

« Mon premier séjour à la Cité des étoiles a commencé le 1er septembre 1980, et s'est terminé à la mi-juillet 1982 à l'issue de mon premier vol spatial. Patrick Baudry et moi sommes arrivés au centre comme deux pensionnaires qui viennent de réussir leurs études et s'apprêtent avec fierté à franchir l'étape suivante. Bardés de recommandations et de quelques illusions, nous fîmes une entrée fort remarquée. À quelques détails près, ce fut celle des deux Dupondt au centre de Sbordj, dans l'album *Objectif Lune* des aventures de Tintin…

Notre déménagement révéla à nos hôtes la première faiblesse de notre préparation. Parce que l'on nous avait dit qu'il n'y a rien en Union soviétique, nous avions emporté tout et n'importe quoi… Déposé à l'entrée de notre immeuble le jour de notre arrivée, cet étalage hétéroclite de casseroles et autres objets personnels – que notre déménageur n'avait, de plus, que fort peu emballé… – suscita une foule de sourires courtois de la part de nos collègues. Nous habitions au douzième étage, et des soldats montaient une à une nos caisses et les objets les plus encombrants. Ce fut notre premier contact avec la population non directement chargée de notre séjour, et nous nous empressions de leur donner quelques-uns de ces cadeaux que nous avions décidé d'apporter, conformément aux recommandations que nous avions reçues avant de partir. Dans notre empressement naïf, je ne suis pas sûr que nous ayons toujours bien fait les bons choix, mais nous avons certainement provoqué quelques conflits et quelques sourires de plus. »

Jean-Loup Chrétien

Jean-Loup Chrétien et Patrick Baudry

ACCUEIL À LA RUSSE

« À l'aéroport de Cheremetievo […] nous passons directement au salon VIP, sans voir la douane; après quelques mots de bienvenue, nous embarquons pour la Cité dans un car de tourisme aménagé confortablement. À l'arrière, il y a une petite cuisine aménagée et un réfrigérateur rempli de vodka. Un accueil russe n'aurait pas été digne de ce nom s'il n'y avait pas eu de toasts portés à diverses intentions, un verre de vodka à la main. Jamais, en deux ans, nos hôtes ne failliront à la tradition. Partout où nous passerons, il y aura les fameuses bouteilles jaune et or frappées du nom magique *Stolichnaïa*. »

Patrick Baudry

LA PREMIÈRE ANNÉE

« La première année reste dans leurs souvenirs comme une sorte de bloc temporel monotone au cours duquel il se passa fort peu d'événements dignes d'intérêt. Et, pourtant, elle conditionna le déroulement de toute la suite. Tout d'abord, ils passèrent les quatre premiers mois à absorber la langue russe et le vocabulaire technique de la cosmonautique, ce qui n'est pas rien. En même temps, ils suivaient des cours théoriques sur le vol spatial. Ils se souvinrent longtemps de certaines heures passées à regarder fixement un professeur leur détaillant avec force discours et schémas au tableau noir un point particulièrement complexe de mécanique orbitale, les principes généraux du rendez-vous, par exemple. Ils se sentaient un peu idiots, deux élèves face au prof venu pour eux seuls et dont ils ne comprenaient pas un mot de ce qu'il voulait dire ! Mais ce n'est pas grave puisque la méthode d'enseignement pratiquée à la Cité, ainsi qu'ils allaient le découvrir, insistait sur une sorte de bachotage destiné à faire entrer définitivement dans le cerveau des élèves le maximum d'informations. Les cours étaient donc répétitifs, se chevauchaient, ou même traitaient plusieurs fois du même sujet en l'abordant selon des chemins différents. Pour Patrick et Jean-Loup, tous deux formés selon des méthodes de travail inspirées par l'Amérique, c'était au début assez incompréhensible.

Ils furent surpris, par exemple, de l'absence de documentation. On pourrait croire que c'est là un artifice des Soviétiques visant à éviter que deux Occidentaux n'entrent en possession de certaines informations; mais tel n'est pas le cas: les collègues soviétiques des deux Français n'avaient pas plus de "docs" qu'eux et fonctionnaient comme eux à partir de notes prises en cours, comme à la fac avant l'arrivée des polycopiés. Ils tentèrent d'analyser le pourquoi d'une telle méthode et lorsqu'ils découvrirent le matériel qu'ils allaient utiliser, le Soyouz par exemple, ils commencèrent à comprendre que, pour rustique qu'elle paraisse, la manière russe n'était pas si bête. »

Bernard Chabbert

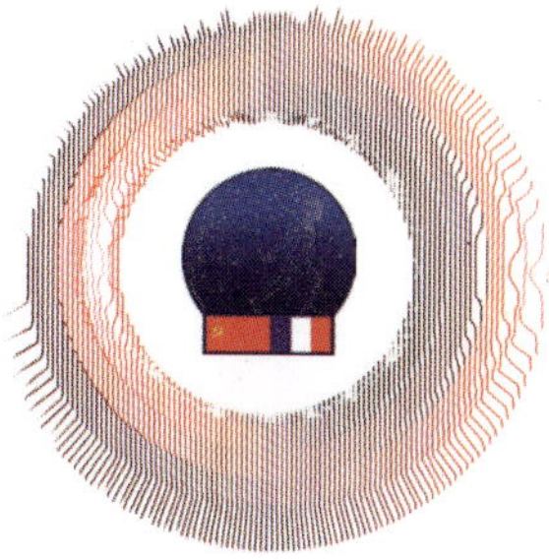

RESTER INFORMÉS

« Côtés journaux, je recevais par la valise diplomatique de l'ambassade l'édition quotidienne de *Sud-Ouest* que Germain Chambost, journaliste spécialisé en aéronautique au siège parisien du journal, me déposait régulièrement au Quai d'Orsay. Il eut un rôle déterminant – sans le savoir – sur mon moral; quand, par moins 25° ici, je savais qu'à Bordeaux mon vin ne gelait pas dans ma cave, les envois de Germain m'aidaient à boire de l'eau...

Jean-Marie Riche, rédacteur en chef d'*Air & Cosmos*, m'avait lui aussi très gentiment mis sur la liste des abonnés, mais ses envois ne passaient pas par la valise. Aussi les arrivages étaient-ils plus incertains, car beaucoup de monde avant moi voulait connaître les dernières nouvelles de l'aéronautique... »

Patrick Baudry

L'équipage de Soyouz T-6 : Alexandre Ivantchenkov, Vladimir Djanibekov et Jean-Loup Chrétien.

La mission PVH

PVH se déroula du 24 juin au 2 juillet 1982. En compagnie des Soviétiques Vladimir Djanibekov (3e vol) et Alexandre Ivantchenkov (2e vol), Jean-Loup Chrétien rejoignit la station Saliout-7, alors occupée par les cosmonautes Anatoli Berezovoï (1er vol) et Valentin Lebedev (2e vol). Il devint ainsi le 108e sujet et le premier Français de l'espace, vingt et un an après Iouri Gagarine. Son vol ne fut pas pour autant célébré avec faste, intervenant au moment des crises polonaise et afghane, de la guerre du Liban, ou encore de la Coupe du monde de football espagnole (et sa fameuse demi-finale France-Allemagne). Alors que les États-Unis annonçaient des sanctions contre l'URSS et ne renouvelaient pas l'accord de coopération spatiale signé en 1972, c'est une discrète délégation française qui assista au décollage du Soyouz-T6: une demi-douzaine d'officiels (dont l'ambassadeur de France à Moscou et le président du CNES, Hubert Curien), les trois chaînes de télévision françaises, France Inter et deux agences de presse – lors du lancement de la mission Proxima, c'est une quarantaine de journalistes français qui ont fait le déplacement jusqu'à Baïkonour, en plus des invités et des familles. À leur retour à l'aéroport de Roissy, le 11 juillet, Jean-Loup Chrétien et Patrick Baudry furent seulement accueillis par trois membres de l'ambassade soviétique à Paris... Néanmoins, Jean-Loup Chrétien avait été nommé Héros de l'Union soviétique (succédant ainsi aux aviateurs français de l'escadron Normandie-Niemen, premiers étrangers à recevoir un tel honneur en décembre 1944) et s'était vu décerner l'ordre de Lénine par le Soviet suprême, dès la fin de son vol. En France, il fut promu cinq jours plus tard au grade d'officier de la Légion d'honneur et élevé au grade de colonel de l'armée de l'air.

LES ADIEUX

« Nous raccompagnons Jean-Loup chez lui. C'est maintenant le passé, tout ce qui nous a unis pendant ces jours et ces mois de préparation, et le vol lui-même, devenu déjà une page d'histoire de la conquête de l'espace. Sur le revers de la veste de Jean-Loup brille l'étoile d'or de Héros de l'Union soviétique. Il est le cinquième citoyen de France honoré de cette haute récompense, le premier en temps de paix.

Eh bien, il est temps de se quitter. Sur le visage de Jean-Loup un sourire triste, distrait. Son regard glisse sur nos visages et, comme dans un souffle, presque avec désespoir: "Est-ce possible que ce soit fini? Qu'il est triste de tourner la plus belle page de sa vie?" Ces mots viennent du cœur et, en ces minutes, nous éprouvons tous la tristesse de la séparation. Le travail commun unit les gens, le travail cosmique en particulier. "Avez-vous senti pendant le vol la sympathie de tout le peuple soviétique pour le peuple français ou la distance vous a-t-elle empêché de le sentir?" a-t-on demandé à Jean-Loup à la conférence de presse donnée après le vol. "Dans l'espace, je ressentais l'amitié de l'équipage. Et c'était un brillant reflet de l'amitié entre nos peuples", a-t-il répondu. »

Alexandre Ivantchenkov

À suivre?

Devant la réussite de ce premier vol, on envisageait déjà une nouvelle mission commune avant 1984, cette fois de longue durée (entre six et huit semaines). Mais aucune décision politique ne fut prise avant octobre 1985, lors de la visite à Paris de Mikhaïl Gorbatchev. C'est donc avec les Américains que Patrick Baudry effectua en juin 1985 le deuxième séjour d'un Français dans l'espace, à bord de la navette Discovery, en tant que spécialiste de charge utile.

LES BONS PETITS PLATS FRANÇAIS

Dans les bagages de Jean-Loup Chrétien sur Saliout, de délicieuses préparations bien françaises, qui seront partagées en orbite avec ses compagnons de voyage. Heureux de montrer que le savoir-vivre à la française ne se borne pas à des compétences, les préparateurs de la mission avaient organisé les possibles menus à déguster là-haut. Il faut préciser aussi que les rations russes, denses, ne brillaient pas par leurs qualités gustatives: les cosmonautes emportaient toujours de larges réserves de provisions « de secours » dont le contenu était à leur propre discrétion...

L'emport de bons petits plats français est devenu une tradition lors des missions dans l'espace de nos compatriotes.

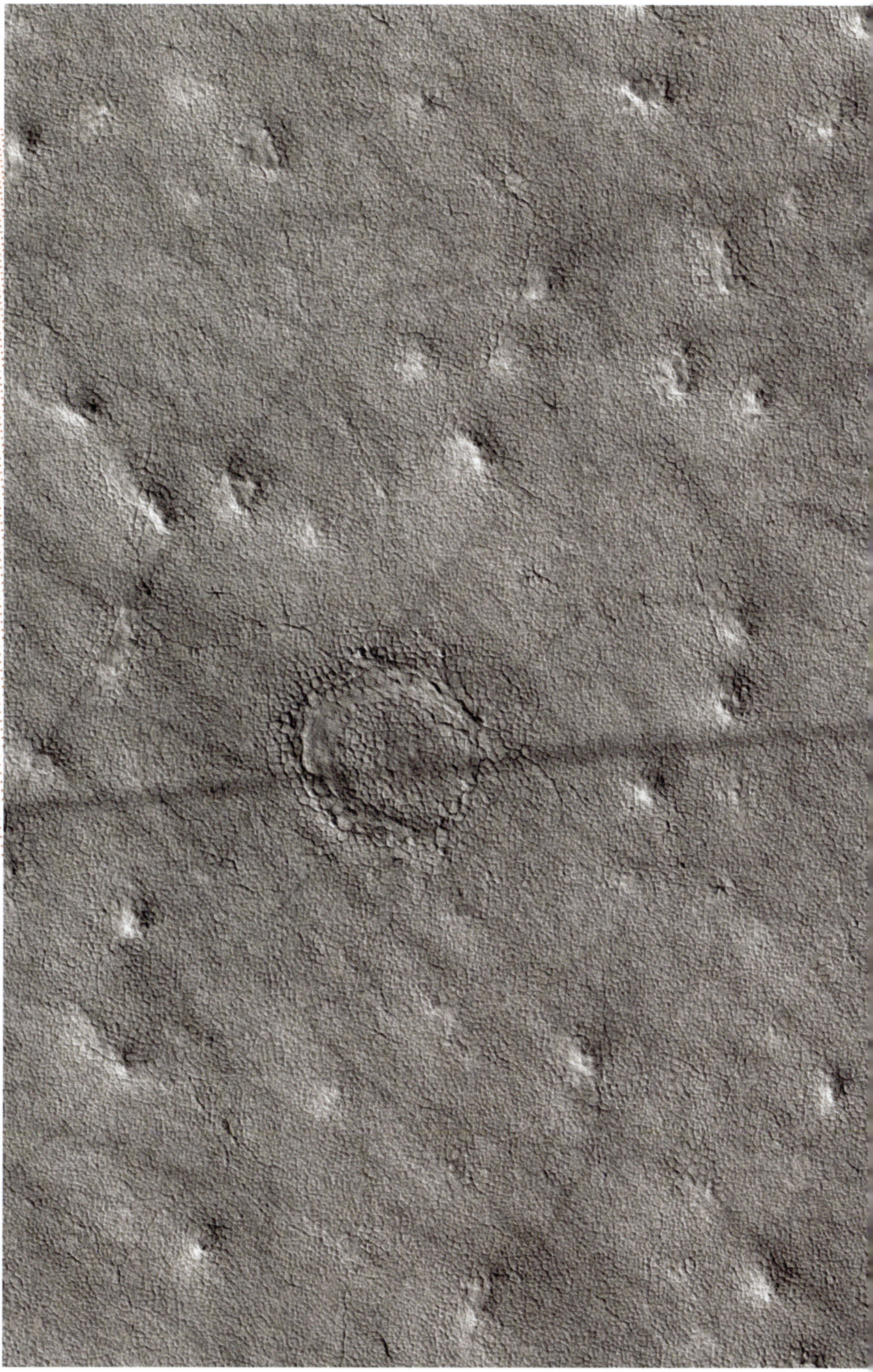

La Terre ou Mars ?

III

Navette-Mir, un programme commun

1. L'ORIGINE DU PROGRAMME

Après une longue période sans interactions entre une Union soviétique menaçante dans la première moitié des années 1980, puis instable dans ses dernières années d'existence, les échanges entre agences spatiales ont redémarré dès l'instauration du gouvernement russe. Les scientifiques de l'Académie des sciences ont repris contact dès 1991 avec leurs homologues occidentaux et on évoque rapidement dans les couloirs de la NASA un appel aux volontaires pour des entraînements en Russie… C'est Georges Bush qui signe un premier document avec Mikhaïl Gorbatchev, le 31 juillet 1991, pour évoquer l'envoi d'un astronaute américain à bord d'une capsule Soyouz et, par réciprocité, un vol d'un Russe sur la navette STS. L'accord, remanié, sera signé par un nouveau gouvernement de Russie en la personne de Boris Eltsine lors de sa visite à Washington, le 17 juin 1992. Les rênes du pouvoir américain vont changer également de mains, c'est Bill Clinton qui portera Shuttle-Mir. Au sein de ce nouveau texte, l'accord est explicite : les navettes et Mir joueront un rôle commun avec des astronautes des deux nationalités.

Le 5 octobre 1992, à Moscou cette fois, le programme prend corps : l'administrateur de la NASA, Daniel Goldin, rencontre Iouri Koptiev, son homologue. Ensemble, ils apposent leurs signatures sur le premier agenda commun. Un premier cosmonaute serait accueilli à Houston pour préparer un vol sur navette, pour la mission STS-60. Puis un Américain envoyé sur Mir, pour une durée d'au moins 90 jours, en décollant de Baïkonour. À terme, après un rendez-vous en orbite, l'Américain descendrait sur navette, tandis que la relève de l'équipage russe décollerait de Floride. Ce premier profil de vol donnera l'idée d'un programme complet aux deux agences : la NASA l'appelle « Phase 1 » et lui assigne une ligne officielle assez tard, seulement en octobre 1994. Dix vols Shuttle-Mir sont alors envisagés. Pour la toute nouvelle Russie, le programme est accueilli à bras ouverts par les autorités, qui souffrent d'un manque significatif de devises. Mir, qui représente alors le pinacle de l'accomplissement spatial soviétique puis russe pourra continuer de servir de vitrine technologique. Les États-Unis ne sont pas en reste. Souvent accusés d'avoir simplement maintenu à flot le programme spatial russe pour éviter une fuite des cerveaux vers des pays hostiles comme l'Iran, la Lybie ou la Corée du Nord, les Américains ont appris avec Shuttle-Mir les dures leçons qui prévalent pour des missions de longue durée en orbite.

Joe Engle l'affirmera en 1998 : « Il y a un transfert de connaissances que nous recevons, des connaissances opérationnelles et de procédures que nous avons apprises et continuons d'apprendre des Russes pour les opérations sur des missions de longue durée, que nous pourrons réutiliser lorsque nous construirons la Station spatiale internationale. Nous aurions été la risée du monde entier, et peut-être que nous pouvons encore l'être, avec les techniques d'opérations dont nous avions l'habitude grâce aux missions de la navette STS, qui étaient du type "on monte, on descend, on revient si quelque chose ne va pas". Vous ne pouvez pas faire ça avec une station orbitale. Lors des missions de longue durée, la maintenance d'une station doit se faire là-haut, et vous ne pouvez pas la ramener au sol, ni venir y habiter à volonté. Les leçons que nous avons apprises des Russes et de Mir, à mon avis, ne peuvent même pas être chiffrées : le retour d'expérience vaut des tonnes de platine ! Je crois que les Russes aussi ont appris de l'expérience Shuttle-Mir, parce que je ne crois pas que Mir serait restée aussi longtemps si elle n'avait pas été au centre de ce programme. Mir aurait probablement été abandonnée et désorbitée plusieurs années avant de vieillir, avant qu'elle puisse voir quelques-unes des grosses pannes apparues ces dernières années. Mais le fait même de subir ces échecs, et apprendre à gérer ces situations, comment les réparer, comment vivre avec dans certains cas, ce sont des leçons que nous n'aurions pas pu apprendre, et les Russes non plus, ils l'ont reconnu. Donc je pense que même si nous avons énormément appris sur les vols de longue durée, ils ont aussi beaucoup appris sur le vieillissement d'un vaisseau habité. »

En avril 1993, Bill Clinton et Boris Eltsine se retrouvent et mettent en place le comité Gore-Tchernomyrdine, une entité indépendante « à l'américaine » qui va permettre de mettre à plat les relations russo-américaines dans différents domaines tels que l'énergie, les sciences, l'agriculture et, bien entendu, l'exploration spatiale. Ce même comité est celui qui donnera lieu à l'accord sur la construction de l'ISS... Faisant appel à des vétérans astronautes et des personnalités engagées dans les échanges Est-Ouest, l'administration américaine met en place la Task Force Stafford (dirigée par l'astronaute éponyme, ancien commandant de la mission Apollo-Soyouz), dès que plusieurs missions entre Mir et les navettes sont définies: il faut s'assurer que les deux agences nationales échangent régulièrement les données, et multiplier les visites entre les deux pays. Les Américains ne sont pas très bien accueillis en Russie: académiciens, cosmonautes et ingénieurs n'ont pas pour tradition d'avoir des intrus venus observer et surtout commenter leurs travaux. Pourtant, après quelques frictions initiales, les travaux et les échanges se multiplient entre les administrations: les premiers participants des missions sont sélectionnés et accueillis, Shuttle-Mir est sur les rails!

PREMIER CONTACT

Le 24 mars 1992, la navette Atlantis décolle de Cape Kennedy avec un équipage de sept astronautes, commandés par Charles Bolden. Au même moment, les Russes Sergueï Krikalev et Alexandre Volkov s'apprêtent à rentrer sur terre. Le premier a passé dix mois et demi à bord de Mir (après un prolongement de mission, en octobre 1991), et le second l'a accompagné lors des six derniers mois. Ensemble, ils ont vécu la fin de l'URSS, à 400 kilomètres de distance. Aussitôt en orbite, la mission américaine commence l'expérience Sarex (Shuttle Amateur Radio Experiment), qui permet des communications avec des radioamateurs et des étudiants du monde entier. Et voilà que la navette Atlantis se retrouve à portée de Mir, qui est également équipée d'une antenne adaptée. L'occasion est trop belle, et Charles Bolden a le temps d'échanger quelques mots d'encouragements pour Sergueï Krikalev. C'est le premier contact entre une navette américaine et la station orbitale russe. Mais aussi le pre-

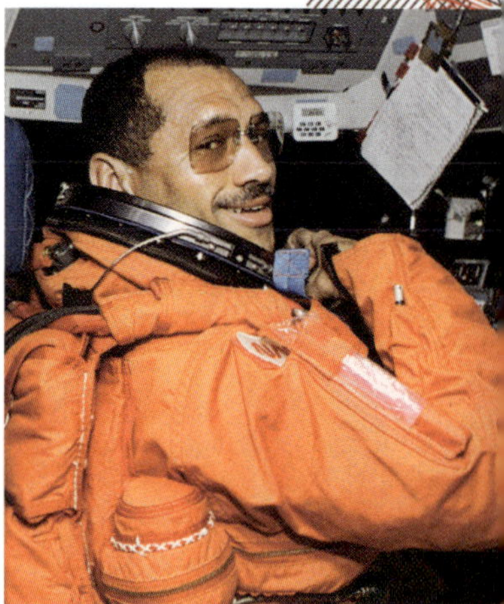

Charlie Bolden lors de la mission STS-45.

mier entre Bolden et Krikalev, qui vont se retrouver quelques mois plus tard à Houston: le Russe est sélectionné pour s'entraîner avec son camarade américain pour le vol STS-60, le premier de l'aventure Shuttle-Mir. Presque 25 ans plus tard, les deux hommes se sont retrouvés une dernière fois à Baïkonour, pour assister au lancement de la mission Proxima. Le premier allait bientôt quitter ses fonctions d'administrateur de la NASA (après 7 ans et demi de service), tandis que le second, après une carrière incroyable de cosmonaute (six séjours à bord de Mir), était devenu directeur exécutif des vols habités chez Roscosmos.

2. LA STATION MIR

Mir représente la troisième génération de stations orbitales soviétiques, démarrée avec Saliout-1 en 1971. Jusqu'à Saliout-6, le cœur d'une station orbitale ne représentait qu'un seul bloc, auquel venaient s'amarrer des vaisseaux Soyouz, pour des séjours de quelques semaines seulement. Puis, à partir de 1977, les stations Saliout-6 et 7 ont été dotées d'un second port d'amarrage, à l'autre extrémité de la station, permettant d'accueillir un second vaisseau Soyouz ou un cargo ravitailleur Progress, et d'effectuer des séjours de plusieurs mois. Mir va permettre de réaliser un nouveau bond en avant, puisqu'il s'agit de la première station orbitale conçue de façon modulaire: son « bloc central », ou « bloc de base », est équipé d'un collier d'amarrage multiple (cinq points d'ancrage) à l'« avant » et d'un port d'amarrage classique à l'« arrière ». Cette configuration inédite autorise jusqu'à quatre connexions simultanées à d'autres modules permanents, et deux connexions supplémentaires à des vaisseaux Soyouz et Progress.

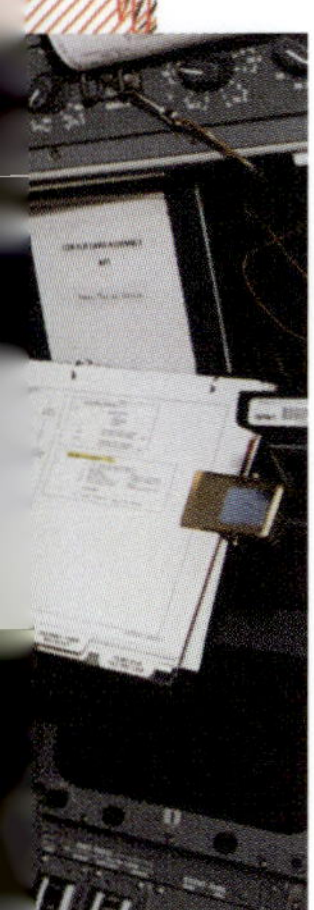

Le lancement du bloc central, le 20 février 1986, est diffusé en direct à la télévision, ce qui est révolutionnaire pour l'époque. À cette occasion, l'Occident découvre la fusée Proton (le plus puissant des lanceurs russes), en service depuis déjà près de vingt ans... L'occupation permanente de la station ne démarre cependant pas tout de suite, et la première mission habitée se termine après un aller-retour entre Mir et Saliout-7, un exploit qui restera unique dans l'histoire des stations orbitales. Un an plus tard, le 31 mars 1987, un premier module de 4,2 mètres de diamètre est « rajouté » à la station, Kvant-1, dédié à l'astrophysique. Il est placé en position axiale et contient un télescope incluant cinq expériences internationales, un télescope à ultraviolets, un spectromètre magnétique et une expérience d'électrophorèse. Malgré une grosse frayeur le jour de l'amarrage et une sortie en scaphandre d'urgence, Kvant-1 fera partie intégrante de

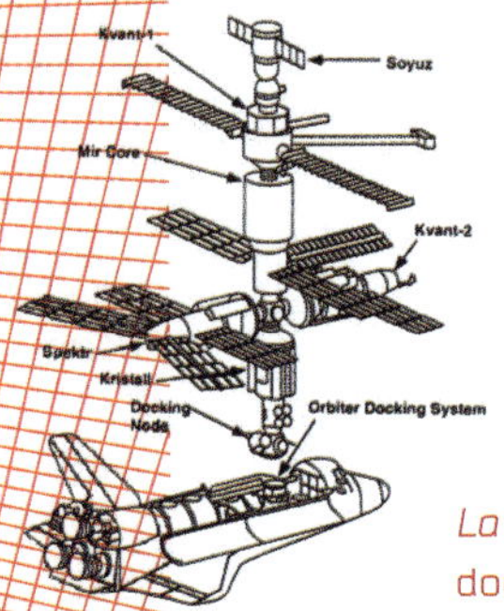

La configuration de Mir lors du premier docking de la navette Atlantis STS-71. Le module Spektr est tout neuf, il a été ajouté à la station lors de la mission de Norman Thagard.

Mir, décrit par Jean-Loup Chrétien comme le module où toutes les affaires finissent par être entassées – c'est là qu'il a établi ses quartiers lors de son séjour de 1988!

Les séjours et les expériences se poursuivent à bon train, malgré les problèmes économiques et politiques de l'URSS. Le mur de Berlin tombe le 9 novembre 1989. Dix-sept jours plus tard, le module Kvant-2 est envoyé sur Mir. C'est une addition majeure, qui augmente considérablement l'espace intérieur, apporte de nouvelles expériences et permet, grâce à un sas intégré, de réaliser des sorties à l'extérieur de Mir plus facilement: il fallait auparavant dépressuriser la partie du bloc central contenant les écoutilles pour sortir, processus plus dangereux et fastidieux qu'avec un élément dédié. Kvant-2 apporte aussi un espace dédié aux encombrants scaphandres Orlan.

Kristall, le deuxième module scientifique, contient des expériences centrées davantage sur la combustion et la fusion des matériaux. Il est envoyé à son tour le 31 mai 1990 et dispose d'un port d'attache pour la navette russe Bourane, alors en développement. Malgré l'abandon de cette dernière, la pièce s'avérera utile pour accueillir la navette américaine Atlantis, du 29 juin au 4 juillet 1995, lors du vol STS-71. Les amarrages suivants s'effectueront à l'aide d'un module spécifique pour la connexion des navettes apporté en novembre 1995 par la mission STS-74.

Le module Spektr arrive sur Mir alors même que l'Américain Norman Thagard est présent sur la station, le 1er juin 1995. Partiellement développé sur fonds américains, embarquant environ 700 kilos d'expériences américaines, Spektr va devenir le lieu de vie des astro-

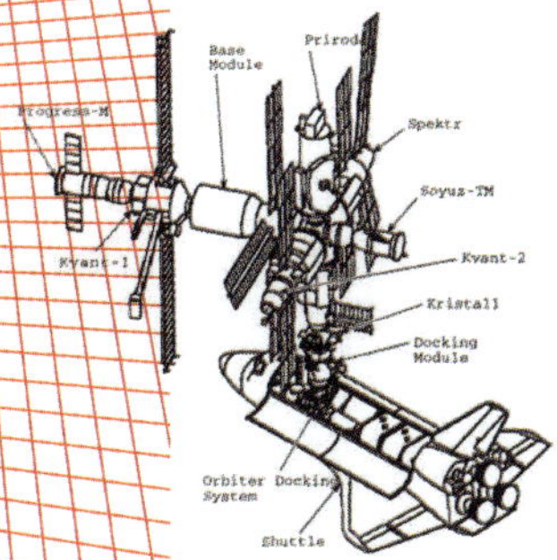

En 1998, pour la fin du programme, la station Mir s'était encore agrandie, avec le module Priroda, mais aussi le module d'amarrage pour les navettes.

nautes de la NASA sur Mir durant deux années. Rendu inutilisable à partir du 25 juin 1997, à la suite de la collision avec un cargo Progress, Spektr restera un élément important de Mir jusqu'à la fin de la station : ses panneaux solaires, remis en état, sont nécessaires pour alimenter les autres modules.

Enfin, le module Priroda (« nature ») est le dernier à venir s'ajouter sur le complexe orbital, le 26 avril 1996. Lui aussi largement financé par les États-Unis, il embarque des expériences de douze pays. Le lancement est une fois de plus source de stress : le module n'est pas équipé de panneaux solaires et, lors de sa phase d'approche, près de la moitié des batteries ne répondent pas… Il n'y a pas une capacité électrique suffisante pour tenter un second amarrage si la première manœuvre échoue ! Heureusement, celle-ci est un succès.

Il fut un temps envisagé de transférer l'imposant module Priroda (19 tonnes) de la station Mir à la Station spatiale internationale, après l'arrivée en orbite de ses premiers éléments. Mais l'opération, complexe et dangereuse, fut abandonnée. Mir, avec ses différents modules, pesait environ 140 tonnes en 1996, contre « seulement » 19 tonnes une décennie plus tôt… Elle fut totalement détruite de façon programmée au-dessus du Pacifique, le 23 mars 2001. Conçue pour orbiter pour cinq ans seulement, la « datcha de l'espace » au nom prédestiné (Mir signifie « paix » ou « monde ») sera restée en service plus d'une décennie. Entre mars 1986 et juin 2000, elle aura accueilli 137 passagers et 28 équipages de longue durée (dont 25 sans interruption entre septembre 1989 et août 1999), cumulant 3644 jours d'occupation.

3. LES GRANDES DATES DE SHUTTLE-MIR

Deux Russes, Sergueï Krikalev et Vladimir Titov arrivent aux États-Unis en 1993 et se préparent immédiatement pour le premier vol commun du programme. Lors de leur installation à Houston, les équipages américains qui les accueillent sont étonnés, car Titov, malgré son enthousiasme, ne parle pas un mot d'anglais… C'est Krikalev qui sera finalement sélectionné, et qui décollera le 3 février 1994 à bord de la navette Discovery, pour la mission STS-60. Presque huit jours en orbite basse, pour réaliser des expériences communes: une mission jugée longue par rapport aux standards américains, tandis que les cosmonautes russes ont l'expérience de vols de plus d'un an!

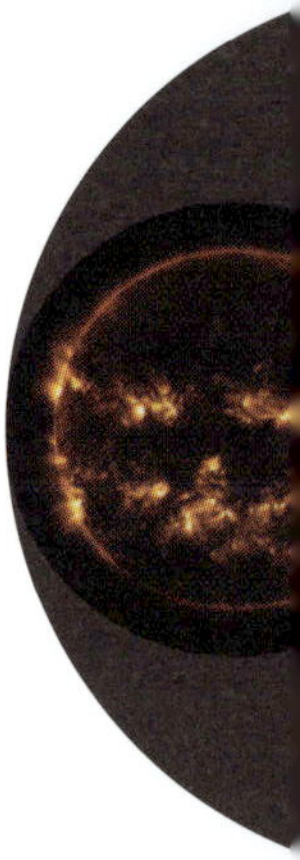

Étant établi que les Russes constituaient des « spécialistes de mission » aussi compétents après leur formation que leurs homologues américains, une seconde mission commune est lancée un an plus tard, le 3 février 1995. Cette fois, la navette de STS-63 se place à moins de cent mètres de Mir, dans la position qu'elle adopterait si elle était équipée pour s'y amarrer. C'est Vladimir Titov qui vole cette fois sur Discovery et peut saluer depuis le cockpit de la navette ses collègues sur Mir, Alexandre Viktorenko, Elena Kondakova et Valeri Poliakov. C'est aussi un passage de témoin: au moment de ce regard en orbite, Titov a déjà séjourné plus d'un an sur Mir en 1987-1988, et Poliakov a entamé son marathon de quatorze mois dans l'espace.

STS-74 à quelques centi mètres de Mir. C'est au cours de ce voyage que la NASA embarque le module d'amar rage qui servir de connecteur universel entre les navettes et la station.

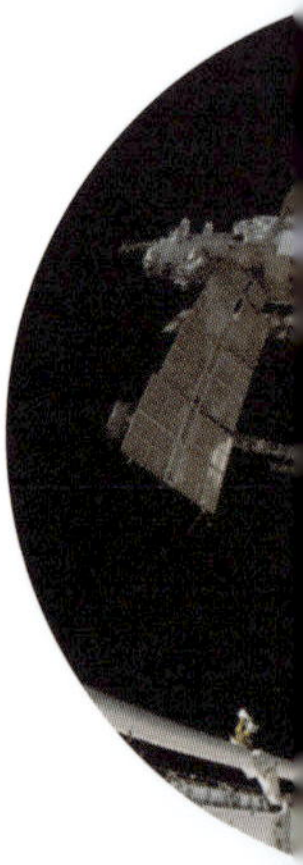

Le 14 mars 1995, moins d'un mois après le retour de STS-63, c'est une nouvelle première mondiale: un Américain, Norman Thagard, part sur une capsule Soyouz pour une mission de plus de cent jours sur Mir! En orbite, l'adaptation sera rude: la NASA impose certaines règles à son astronaute, malgré l'inexpérience de l'agence dans les missions de longue durée. Thagard finira par voir sa masse musculaire fondre comme neige au soleil: il perd huit kilos et souffrira des années durant d'avoir été mal interprété au cours de son vol. De nombreux médias sensationnalistes le décrivent comme dépressif lors de son retour. Fatigué, l'astronaute en veut surtout à son agence de n'avoir pas harmonisé ses activités et ses repas avec ceux de ses collègues russes.

STS-71 décolle le 27 juin et devient la mission la plus emblématique du programme Shuttle-Mir, lorsque la navette Atlantis s'amarre à la station orbitale russe le 29 juin, à la verticale du lac

Baïkal, en Russie. Même si la manœuvre n'est pas très pratique (pour que la navette STS puisse s'approcher, il a fallu relocaliser le module russe Kristall, loin des panneaux solaires et de refroidissement de Mir), l'opération est un véritable succès. En plus des échanges, des films et des photographies ainsi que différentes expériences, STS-71 embarque la relève russe de l'équipage de Mir, Anatoli Soloviev et Nikolaï Boudarine, qui viennent remplacer Guennadi Strelakov, Vladimir Dejourov et Norman Thagard, lequel devient par la même occasion le premier astronaute à comptabiliser plus d'atterrissages que de décollages sur navette… Il sera le seul Américain du programme à avoir décollé de Baïkonour, tout en ayant réalisé tout son programme de formation à la Cité des étoiles.

C'est en novembre 1995, lors de la mission STS-74 qu'est installé le module de *docking* qui va permettre aux navettes de mieux s'amarrer à la station, en prolongeant le module Kristall hors de portée des panneaux solaires. Le programme Shuttle-Mir, en plus d'entrer dans une phase d'adaptation technique sans précédent, voit sa dimension internationale grandir : au cours de cette mission, l'Allemand Thomas Reiter fait partie de l'équipage de Mir pour l'ESA, tandis que le Canadien Chris Hadfield est spécialiste de mission sur le vaisseau américain. Les nations ont une vision concrète, durant les huit jours de la mission, de ce que va devenir plus tard l'ISS, dont les modules sont en cours de construction au sol. Le but de l'entreprise ne fait plus aucun doute : dans l'espace, toutes les nations peuvent collaborer et travailler ensemble.

La Phase 1 de Shuttle-Mir se termine alors. Sept vols de navettes supplémentaires auront lieu. Au cours de chacun d'entre eux, un astronaute américain sera envoyé pour une mission de longue durée (plus de 120 jours), et récupéré au voyage de navette suivant. Aucun de ces vols ne sera de routine, car les leçons s'accumulent pour les Américains qui prennent confiance dans les voyages de longue durée en préparant l'arrivée de l'ISS. Sur STS-76, Linda Godwin et Michael Clifford vont réaliser la première sortie en scaphandre, alors que la navette et Mir sont réunis, le 27 mars 1996. Puis Shannon Lucid établira le record du plus long vol orbital pour une femme (188 jours), avant de laisser sa place à John Blaha, arrivé en septembre 1996 (STS-79). Mais le cœur de la station est en orbite depuis une décennie, et la situation économique russe au sol laisse entrevoir des problèmes de qualité. Alors même que le programme Shuttle-Mir ne s'est jamais aussi bien porté, l'année 1997 sera celle de tous les défis en orbite.

La station Mir à contre-jour, lors de la première rencontre avec la navette Discovery (STS-63), le 6 février 1995.

Le 24 février 1997, à peine plus d'un mois après le départ de la navette Atlantis (STS-81), le feu se déclenche dans le tunnel de liaison entre le bloc de base de Mir et Kvant-1, lors d'une opération de routine pour régénérer l'oxygène. L'Américain Jerry Linenger, l'Allemand Reinhold Ewald et les Russes Alexandre Lazoutkine et Vassili Tsibliev doivent faire face à la plus dangereuse des situations: une épaisse fumée noire se répand en quelques secondes dans les modules à cause de la circulation de l'air, tandis qu'empêtrés dans leurs masques à oxygène les membres de l'équipage tentent d'éteindre le feu qui, comble de malheur, bloque l'accès à l'une des deux capsules Soyouz disponibles en cas d'urgence. L'équipage a finalement fait face, et de nombreuses leçons seront tirées de ce terrible incident. Quelques mois plus tard pourtant, le 25 juin 1997, c'est lors d'un essai d'amarrage automatique qu'un vaisseau Progress percute la station Mir. Le module Spektr, impacté, perd son oxygène en quelques secondes. Michael Foale, les tympans compressés, n'a que le temps d'évacuer le module avant que l'écoutille soit scellée. Spektr est dépressurisée et, malgré deux sorties EVA pour reconnecter ses panneaux solaires au reste de Mir, l'intérieur ne sera jamais réoccupé. Même s'il est heureux d'avoir réagi à temps avec le reste de l'équipage pour gérer cette situation d'urgence, Michael Foale va souffrir de la perte de Spektr: une large part des expériences américaines étaient stockées dans le module, mais aussi toutes ses affaires personnelles. L'astronaute devra passer trois mois à emprunter les objets de la vie courante de ses colocataires.

Si 1997 est l'année des ennuis techniques, c'est aussi une magnifique étape de la coopération. L'Américain Jerry Linenger est le premier à réaliser une sortie EVA hors de la station Mir dans

un scaphandre russe Orlan. Il sera suivi neuf mois plus tard par Vladimir Titov qui, pour son second vol sur navette, réalisera une sortie au sein d'un scaphandre EMU américain. Un vol au cours duquel un autre astronaute retrouve la station Mir, qu'il a laissée derrière lui depuis presque dix ans: c'est Jean-Loup Chrétien.

Malheureusement, la situation ne va pas s'arranger. Durant le séjour de 128 jours qu'a passé David Wolf (entre octobre 1997 et janvier 1998), la station orbitale subira trois coupures majeures de toute son alimentation électrique. L'Américain décrira plus tard: « Vous ne connaissez pas le silence si vous n'avez pas vécu dans un vaisseau orbital sans aucun courant. » Malgré l'engagement constant à réaliser le plus d'expériences possible en préparation de l'ISS, les occupants de Mir consacrent chaque jour plusieurs heures à maintenir le vaisseau opérationnel. Les réparations se succèdent, sur le système de chauffage, les gyroscopes, l'électricité, les batteries, le système d'orientation automatique des panneaux, et même sur le sas de pressurisation qui manque de tuer Wolf à sa première sortie EVA avec Anatoli Soloviev, légende des sorties orbitales: l'écoutille refuse de fermer et les deux scaphandres consomment toutes leurs ressources alors que les malheureux se précipitent vers le sas de secours. Sauvés à temps, ils en garderont le souvenir ému de ceux qui n'ont eu la vie sauve que grâce aux réflexes acquis lors de leur difficile entraînement, au sol. Grâce à ce rude programme, aux stages de survie, les équipes sont soudées et partagent une confiance qui dépasse les mots, fussent-ils crachotés en russe dans les micros de leurs scaphandres à bout de réserves...

La dernière navette à relier la station, Discovery STS-91, viendra chercher l'astronaute américain Andrew Thomas, en orbite depuis 140 jours. C'est la fin du programme Shuttle-Mir, avec la montée en puissance de l'ISS qui se profile déjà au sol, avant que les premiers modules soient envoyés en orbite. STS-91 atterrira le 12 juin 1998. Le 20 novembre de la même année, Zarya, le premier module russe de l'ISS est lancé avec succès... Il ne restera que deux missions Soyouz sur Mir pour terminer les expériences scientifiques, récupérer du matériel, sécuriser la station et assurer qu'elle répondra aux commandes du sol jusqu'à la désorbitation programmée.

Au final, il y eut neuf vols de la navette américaine à destination de la station Mir, et les séjours de longue durée à son bord auront été ouverts à sept astronautes américains.

LES AMÉRICAINS À L'ÉPREUVE DE LA LANGUE RUSSE

En juillet 1992, de retour de son quatrième vol sur navette, Norman Thagard envisage de partir à la retraite. Sa carrière est accomplie, et il ne voit pas ce que la NASA pourrait lui offrir de plus. Le 3 juillet, il rencontre un ami, évoque la retraite, mais la conversation dévie sur Mir: voilà qui pourrait bien être la seule raison de rester dans le programme spatial américain! Quelques jours s'écoulent, puis Norman Thagard est convoqué chez Dan Brandenstein, dès 7 heures du matin. Les deux hommes ne sont pas prolixes. « Tu veux participer au vol russe? » lui demande son responsable. « Absolument », répond Norman. La place lui est promise, mais il va falloir travailler… En russe! Armé de livres, puis de cours deux fois par semaine pris avec Shannon Lucid qui devait être sa doublure pour le vol, l'Américain se paie lui-même d'autres leçons du soir pour progresser, avant d'aller faire un stage intensif de quatre mois. En décembre 1993, malgré deux voyages en Russie, il n'a pas encore quitté les USA pour l'entraînement officiel! Deux mois plus tard, il décolle pour la Cité des étoiles… Au dernier moment, la NASA a remplacé Shannon Lucid par Bonnie Dunbar, qui ne parle pas un mot de russe: les débuts des Américains à Moscou seront difficiles. Bonnie dispose sur place d'un instructeur, qui gêne tout le monde: le professeur, Bonnie qui est ralentie dans le cours, et Norman Thagard qui n'arrive pas à entendre le Russe avec un Américain qui parle en même temps! Heureusement, la situation est rapidement réglée!

Charles Bolden, pour sa part, voulait commander la navette pour aller réparer le télescope Hubble, qu'il avait aidé à mettre en orbite. Lorsqu'il entend qu'il est assigné à la mission commune russo-américaine… « J'ai simplement répondu. Oubliez ça, ça sera pas possible. J'ai passé ma vie à détester ces gens, je me fiche de ce que ça signifie, je n'ai pas envie de le faire. Je leur ai dit d'aller chercher quelqu'un d'autre. On m'a regardé, et ils m'ont dit: "Attendez, rencontrez-les au moins, d'accord? Après, vous pourrez dire non." » Sergueï Krikalev et Vladimir Titov arrivent quelques jours plus tard et brisent la glace avec leur futur commandant, même si Vladimir ne parle pas un mot d'américain. La situation change du tout au tout: quelques années plus tard, en 2004, Charles Bolden déclarera: « On nous demande souvent quels sont nos souvenirs de mission les plus intéressants, je réponds toujours que ce dont je veux le plus me souvenir, c'est la préparation

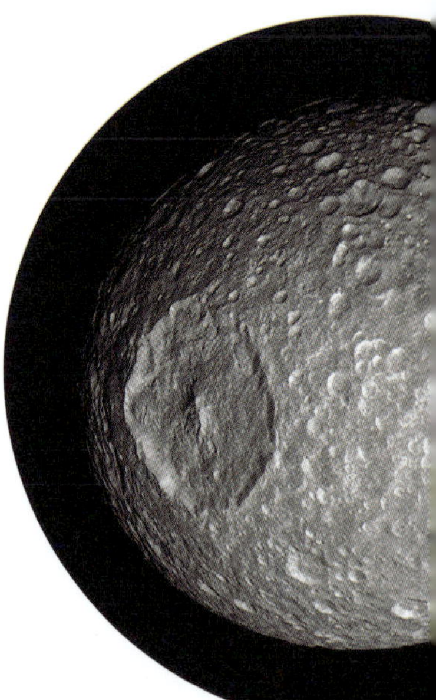

de STS-60 et après la mission. C'était l'opportunité de montrer les États-Unis à des étrangers d'une autre culture, de leur montrer notre façon de vivre et de les aider à s'intégrer. »

L'équipage de STS-60 veut même pousser plus loin, et sachant qu'un Russe les accompagne les astronautes ont une idée: échanger avec des enfants de Russie au cours de leur vol orbital. Facile, sur le papier... Mais apprendre le russe n'est pas une sinécure! Aussi, pour rester simple, une magnifique idée finit par germer: les astronautes américains chanteront aux enfants! Il y avait en effet une émission russe qui passait tous les soirs à 20 heures, nommée « Les jouets fatigués s'endorment » (*Spiat Oustalye Igrouchki*), l'équivalent en France de la chanson du marchand de sable de « Bonne nuit les petits ». L'Américain, futur administrateur de la NASA, raconte: « Ma prononciation était horrible. Mais on nous avait assuré que tous les enfants de Russie reconnaîtraient la chanson, et si on la faisait correctement nous pourrions la chanter à l'émission de 20 heures, et ils seraient impressionnés. Alors nous avons appris, et nous avons triché avec nos notes en phonétique, comme la plupart d'entre nous n'arrivaient pas à l'apprendre ni à la chanter. Éventuellement, certains d'entre nous ont fini par en apprendre quelques autres. »

UN AMÉRICAIN RÉSIDANT À LA CITÉ DES ÉTOILES

Après quelques semaines à la Cité des étoiles, Norman Thagard, premier Américain à vivre parmi ses homologues russes durant une année presque continue, parle et comprend parfaitement le russe. L'occasion de surprendre certaines conversations, telle celle de deux Russes, à l'abri de la pluie devant l'un des bâtiments de formation:

« Eh bien, en ce qui me concerne, l'Alaska restera toujours russe.

– Mais le tsar l'a vendue aux Américains il y a cent ans!

– Je m'en fiche, il n'avait aucun droit de le faire, pour moi c'est une terre russe!

– Tu sais que tu devrais faire attention à ce que tu racontes? Le type devant toi est américain!

– Ha! Peu importe, il ne comprend sans doute pas un mot! »

Toutefois, la situation du pays était encore précaire en 1994. Dans les appartements surchauffés « à la russe » de la Cité des étoiles, Norman Thagard, son épouse et son fils ont toujours la fenêtre ouverte. Lorsqu'un soir il entend des coups de feu, l'Américain en est persuadé, « cette fois c'est la révolution et nous allons être pris en plein milieu! ». Mais, le lendemain, personne ne mentionne l'incident... Jusqu'à ce qu'un interprète avoue que son père, sous l'emprise de l'alcool, avait dégainé son revolver pour tirer sur les lampadaires!

Le vaillant vaisseau Soyouz

Source continue de confusion à cause de la fusée soviétique du même nom, le vaisseau orbital Soyouz est une capsule habitée triplace développée dans les années 1960 pour succéder au Voshkod biplace. Les premiers modèles soviétiques n'étaient pas capables de rendez-vous orbitaux, et leur durée de vie était limitée : c'est le bureau de Sergueï Korolev, qui se charge du design de ce vaisseau initialement prévu pour orbiter autour de la Lune. Ses débuts sont catastrophiques : le premier vol inhabité, le 28 novembre 1966, est un échec. Pourtant, le programme doit avancer coûte que coûte : le 23 avril 1967, Vladimir Komarov est le premier cosmonaute russe tué au cours du vol inaugural habité : lors de la rentrée atmosphérique, le parachute du vaisseau n'a pas pu s'ouvrir. Malgré cet échec, le développement de Soyouz continue : il n'y a pas d'alternative ! Et, finalement, la capsule deviendra le modèle de référence de tous les vols habités soviétiques et russes.

Il n'y a eu que des améliorations par étapes au cours des années, et l'architecture initiale de la capsule est toujours présente. Visuellement, le vaisseau présente des similarités frappantes sur les images des vols qu'il effectue aujourd'hui au service de l'ISS, et les photographies de la mission Apollo-Soyouz. Il se compose toujours de trois modules rattachés les uns aux autres par des systèmes de boulons explosifs. Le premier est le module de propulsion. Il contient un moteur principal capable de modifier l'orbite de Soyouz, des moteurs chimiques auxiliaires pour le contrôle des mouvements directionnels, le carburant et les panneaux solaires qui peuvent alimenter le vaisseau pour un vol autonome. Le module central est la capsule proprement dite : lourdement blindée, équipée d'un bouclier thermique capable de résister aux températures intenses de la rentrée atmosphérique, la capsule Soyouz dispose de deux hublots. Célèbre pour compresser ses trois occupants comme une boîte de sardines (engoncés dans des sièges taillés sur mesure et encombrés par leurs combinaisons de vol), Soyouz, entre 1973 et 1981, est réservée à deux cosmonautes. La compression de la cabine répond avant tout à des impératifs de poids, mais aussi de sécurité : de chacun des sièges, les occupants peuvent atteindre toutes les commandes nécessaires au pilotage. Ce n'est qu'une fois en orbite qu'ils peuvent pénétrer dans la troisième partie du petit vaisseau, le module de service. Ce dernier embarque les communications, le système de rendez-vous en orbite Kours, l'écoutille d'accès principale, et quelques installations pour les occupants qui peuvent profiter de 5 mètres[3] d'espace pour étendre leurs jambes, ou utiliser des toilettes.

Il faut moins de neuf minutes pour placer le Soyouz sur orbite, à une altitude d'environ 200 kilomètres et à une vitesse de 8 kilomètres par seconde. Pendant de nombreuses années, le vaisseau mettra ensuite deux jours pour rejoindre une station, après plusieurs changements de trajectoire et séances de vérification. Depuis 2013, il est désormais possible de faire le trajet Baïkonour-ISS en seulement six heures!

Soyouz est devenu un vaisseau iconique car, à travers des améliorations légères et une rusticité affichée, il a réussi à traverser des décennies d'exploration spatiale et de coopération. C'est dans Soyouz que Leonov et Koubassov attendaient les astronautes américains sur Apollo. Dans ce vaisseau que Jean-Loup Chrétien deviendra le premier Français en orbite. Soyouz a fait la navette pour les missions Saliout, puis tout au long de la carrière de Mir, avant de prendre une importance capitale pour transporter les personnels de l'ISS depuis l'assemblage jusqu'à aujourd'hui. Véritable patrimoine, Soyouz a pourtant un remplaçant, sur lequel les premiers travaux sont en cours. Plus imposante, la prochaine génération se nomme Federatsia (Fédération).

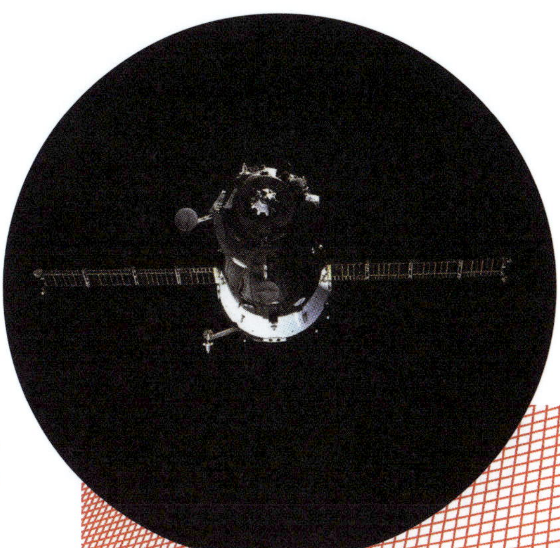

Longueur: 10 mètres
Diamètre: 2,65 mètres
Masse totale: 7,25 tonnes
Espace habitable: 9 m³
Autonomie: 14 jours
Puissance électrique: 0,6 kW

[S]oyouz TM-21 pho[to]graphiée depuis [At]lantis (STS-71), [po]ur la première [s]éparation entre [la] navette et MIR. [P]endant un bref [in]stant, la station [ét]ait inhabitée!

LES ÉPAIS BOUQUINS DE SHANNON LUCID

Pour sa mission de 188 jours sur Mir, Shannon Lucid (qui restera la seule femme de la NASA à réaliser une mission de longue durée sur la station russe) a pu choisir une pile de livres, commandés au poids. Mais, comme elle s'entraînait en Russie, c'est sa fille qui les a choisis, avec pour instructions: « Choisis-en quelques-uns, va en librairie et prends-en plusieurs que tu penses que je n'ai pas lus. » Sa fille s'exécute, avec un zèle supplémentaire: elle ne choisit que les ouvrages avec une densité record de mots par pages! Peu importe au final, Shannon Lucid profitera presque chaque jour de petits créneaux pour lire avidement. Elle découvre ainsi une série de livres de science-fiction, qu'elle apprécie d'autant qu'elle dévore vite le premier ouvrage… qui se termine en queue de poisson, avant un tome 2 qui ne fait pas partie de la sélection! « C'est le moment où vous réalisez à quel point vous êtes vraiment isolée parce que, évidemment, au sol je serais allée en librairie pour m'acheter le second volume, raconte l'astronaute. Mais, à la place, j'ai envoyé beaucoup d'emails, et pas mal de menaces: j'ai ordonné à ma fille que ce livre soit dans le prochain vaisseau Progress. Et ils ont bossé dur, mais j'ai pu continuer à lire la saga! »

ÉTABLIR UNE CAMARADERIE

« L'un des stratagèmes de Mike Foale pour établir une camaraderie avec ses compagnons russes [Vassili Tsibliev et Alexandre Lazoutkine] avait été d'installer une salle de spectacle de fortune dans le module Spektr. Tous les samedis soir, il y projetait un film américain sur un écran d'ordinateur qu'il avait fixé à une paroi. Un soir, les trois hommes assistèrent à *2001: l'Odyssée de l'espace*. Un autre film choisi par Foale fut *Le Grand Bleu*. Lazoutkine aimait particulièrement regarder la vedette, Rosanna Arquette, dans ses ébats nautiques. Comme ces films n'étaient pas sous-titrés, Foale assurait lui-même la traduction. »

Bryan Burrough

MIR TOMBE EN RUINE

« "À mon avis, Mir court à la catastrophe", écrivit Blaine Hammond, chef de la sécurité au bureau des astronautes de la NASA. J'admire les Russes pour leur adaptabilité et l'ardeur qu'ils mettent à résoudre les myriades de problèmes qui se multiplient sur cette station archaïque. Mais les faits demeurent. Mir tombe en ruine… Je crois fermement que les Russes ne donneront jamais l'ordre de la fermer pour défaillance, jusqu'à ce que la situation devienne si périlleuse qu'ils n'y puissent plus rien faire. D'abord Mir est le dernier vestige de leur prouesse technique et de leur fierté. Perdre la station serait pour eux renoncer entièrement à leur prestige et à leur statut de superpuissance. Il est donc dans leur intérêt de la maintenir en service à n'importe quel prix… Je pense aussi que la vision russe de l'existence est assez différente de celle de l'Occident, et moins sacrée, de telle sorte qu'ils préfèrent mourir en héros que de vivre dans l'humiliation. »

Bryan Burrough

4. UN EMBRYON DE STATION INTERNATIONALE

Lorsque ont lieu les missions Shuttle-Mir, le chemin est d'ores et déjà tout tracé pour la mise en place d'une station spatiale internationale. Outre la préparation commune à cinq agences, il s'agit de faciliter grâce aux expériences menées en orbite, mais aussi grâce aux savoirs acquis par les astronautes eux-mêmes, l'occupation continue d'une station orbitale pour une durée record. Avec les modules originaux de Mir en 1988, les deux semaines durant lesquelles un équipage de remplacement rencontrait en orbite les occupants de la station ne posaient aucun problème. Sept ans plus tard, à l'arrivée de Norman Thagard, la station subit une coupure majeure de courant: la plupart des systèmes de vol ne sont plus adaptés pour recycler l'air et fournir du courant pour six astronautes en permanence. Si plusieurs modules vont permettre d'améliorer la situation, de réparer les failles et de continuer cette impressionnante aventure, les leçons seront difficiles. Pour l'ISS, l'accent est mis sur la fiabilité des matériels des modèles de vol, mais aussi sur l'indispensable: la nécessité de pouvoir assigner des réparations aux équipes d'astronautes en orbite. Les deux dernières années d'utilisation de Mir ont été capitales en ce domaine, car il a fallu s'entraider, parfois dans l'urgence, pour réussir à survivre en luttant à la fois contre les éléments et contre un matériel qui trouvait ses limites.

De 1986 à 1999 se seront succédé à bord de Mir des astronautes d'Union soviétique, de Syrie, de Bulgarie, d'Afghanistan, de France, du Japon, du Royaume-Uni, de l'Autriche, de l'Allemagne, de Russie, des États-Unis, du Canada et de Slovaquie! En plus de l'extension de la station dédiée à l'amarrage, le Mir Docking Module (projet sous direction russe qui accouchera une décennie plus tard des modules Rassvet et Pirs de l'ISS), de nombreux matériels sont internationaux.

Le module Spacelab, considéré comme une station orbitale réutilisable, est également de la partie lors de la mission STS-71. Embarqué pour un seul voyage commun avec Mir, cet habitat permet d'ajouter de l'espace dans les navettes lors de missions qui peuvent atteindre jusqu'à onze jours à six astronautes. Développé par l'ESA avant même le premier vol STS-1, Spacelab réalisera 33 missions dans la « soute » des vaisseaux américains. Le 27 juin 1995, on peut donc considérer que la Russie, les États-Unis et l'Europe ont déjà un embryon de station internationale. Cerise sur le gâteau, la navette Atlantis dispose d'un bras robotisé Canadarm, fourni par l'Agence spatiale canadienne.

LA BALANCE DES EXPÉRIENCES

« Je pense que les expériences nécessaires sur une station spatiale, ce sont celles qui nécessitent une grande implication de l'équipage, là où nous pouvons nous engager intellectuellement avec l'expérience, ce qui fait que nous sommes dans un travail commun avec les scientifiques. J'avais une large variété de sujets, différents types d'essais. Elles n'étaient pas toutes en biologie, ni uniquement de la physique. Je trouve que c'est vraiment important: pour moi ce serait dommageable d'avoir seulement une discipline. C'est vraiment un plus d'avoir une grande variété. »

Shannon Lucid

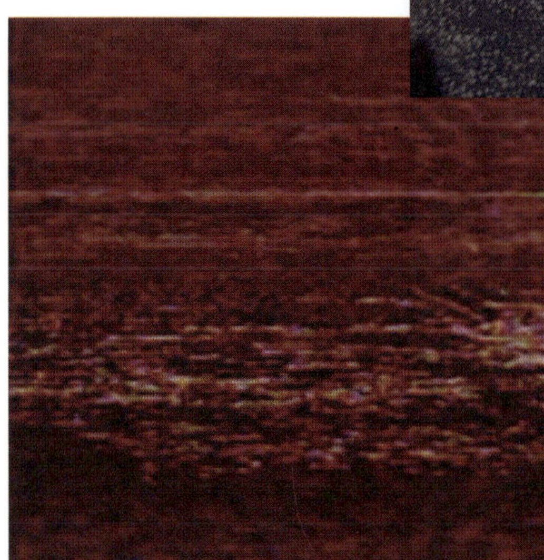

*empête tropicale au-dessus
le l'Argentine.*

IV

Mir, le retour des Français

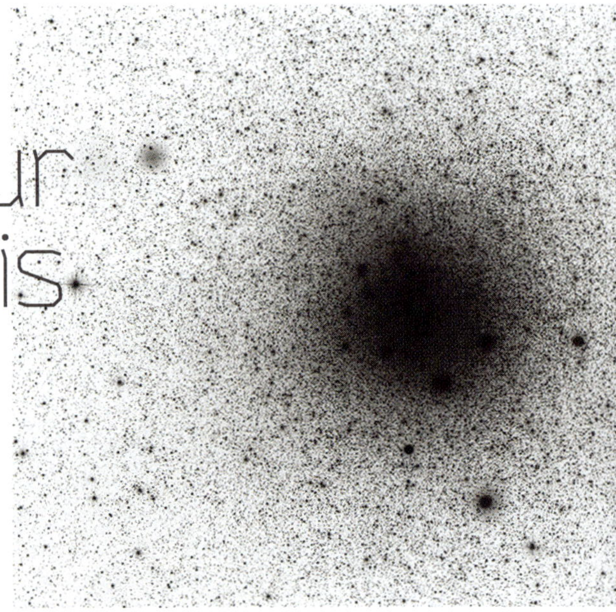

Bien avant les Américains, alors que le rideau de fer est encore en place et que Mir n'est encore qu'un assemblage initial, les Français vont pouvoir y séjourner régulièrement, forts de l'expérience de la mission PVH en 1982. Au total, six séjours (et deux participations à des missions Shuttle-Mir) s'échelonneront de 1988 aux tout derniers instants de la station russe, en 1999.

1. ARAGATZ, LE PREMIER VOL DE LONGUE DURÉE

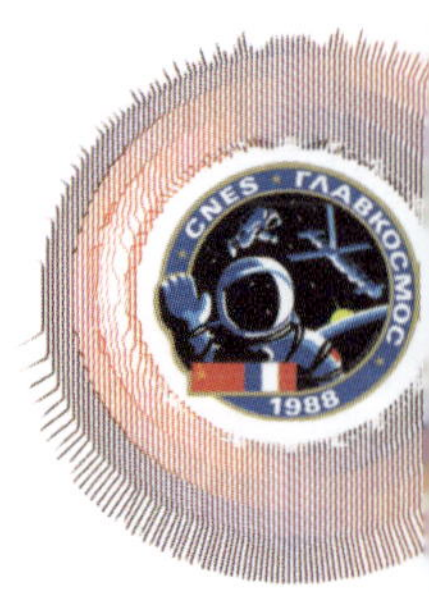

La France figure en troisième position des nations présentes à bord de Mir, avec pas moins de huit séjours réalisés en un peu moins de onze ans, sous la bannière du CNES ou de l'Agence spatiale européenne. C'est Jean-Loup Chrétien qui ouvrit le bal le 26 novembre 1988, six ans et demi après son séjour à bord de Saliout-7, dans le cadre du quinzième et dernier vol Intercosmos. Une invitation officiellement faite par Mikhaïl Gorbatchev lors de sa venue à Paris en octobre 1986, quatre mois après celle de François Mitterrand à Moscou, durant laquelle il visita la Cité des étoiles en compagnie de... Jean-Loup Chrétien.

Même si le Français n'était pas le premier invité à bord de Mir (il succéda à un Syrien, un Bulgare et un Afghan) et si la durée de son vol passa de six à quatre semaines, la mission Aragatz fut doublement historique: pour la première fois un étranger réalisait un séjour de longue durée à bord d'une station russe, et il effectuait une sortie extravéhiculaire (EVA). Celle-ci se déroula le 9 décembre, en compagnie d'Alexandre Volkov. Elle fut en grande partie consacrée à l'installation d'un panneau porteur de divers échantillons et de capteurs soumis au vide spatial (expérience Échantillons), et d'une structure autodéployante, Era (expérimentation représentative d'antenne), construite par Aerospatiale dans la perspective du programme européen Columbus. Mais le mécanisme d'ouverture, très certainement grippé par le froid, refusa de se déployer, obligeant les deux hommes à débloquer le mécanisme à l'aide de coups... de botte – une initiative prise lors d'une coupure radio avec le centre de contrôle. Ainsi semée d'embûches, la sortie, initialement prévue pour durer 3 h 30, atteignit six heures. Cette performance mondiale ne fut battue qu'en juillet 1990.

*lexandre Volkov
à gauche), Jean-Loup
hrétien et Sergueï
rikalev. À droite :
naquette d'entraî-
ement de la station
aliout-7 dans la piscine
e la Cité des étoiles.*

– SACHA !... C'EST FANTASTIQUE !

« La dénitrogénation de notre organisme s'effectue lentement, grâce à une surventilation de nos scaphandres par de l'oxygène pur, puis une vingtaine de minutes seront encore nécessaires pour que la totalité de l'air se soit échappée du sas. Quand la saison résiduelle est inférieure à 5 mm de mercure, je suis enfin autorisé à ouvrir la porte donnant sur le vide. Quelques objets légers et poussières s'échappent avec la dernière bouffée d'air. Dos à dos dans ce sas étroit, j'ai la chance d'être tourné vers l'extérieur pendant que Sacha fait face au pupitre de commande.

L'entrebâillement de la porte laisse apparaître un bout de ciel d'un noir d'encre. Les étoiles qui brillent intensément semblent nous inviter à sortir, mais il nous faut encore patienter quelques minutes, le temps que la station soit complètement stabilisée.

Jean-Loup Chrétien lors de sa sortie extravéhiculaire, première sortie française en scaphandre.

Je passe lentement la tête et les épaules, extirpe un bras et accroche mon mousqueton de sécurité. Il fait nuit sur cette région de la Terre où nous nous trouvons, ce qui rend le spectacle encore plus saisissant.

– Sacha !.... C'est fantastique !

La station paraît en effet étrange, vue de l'extérieur. Faiblement éclairée par l'albédo du ciel et de la Terre, elle ressemble à un vaisseau fantôme où brillent quelques hublots et la porte par laquelle nous venons de sortir.

Je me laisserais facilement aller à la contemplation si Sacha ne me rappelait pas à l'ordre :

– Jean-Loup, dépêche-toi de sortir que j'en profite à mon tour ! »

Jean-Loup Chrétien

Jean-Loup Chrétien avait rejoint la station Mir à l'aide du Soyouz TM-7, en compagnie des membres de l'équipage EO-03, Alexandre Volkov et Sergueï Krikalev. Ils avaient retrouvé à bord du complexe orbital Vladimir Titov et Moussa Manarov, qui bouclaient une année complète sur orbite, ainsi que le médecin Valeri Poliakov, qui les assistait depuis trois mois, lors d'un premier vol qui allait durer... 241 jours. C'est le Français qui raccompagna sur terre les deux marathoniens de l'espace, le 21 décembre, après avoir mené sept expériences consacrées aux sciences de la vie et quatre dédiées à la technologie, mais également s'être filmé en réalisant des manipulations didactiques, proposées par le service éducatif du CNES et l'Association nationale sciences techniques jeunesse (devenue depuis Planète Sciences).

COMME DEUX PIRATES APRÈS ONZE MOIS DANS LEUR REPAIRE

« Volodia et Moussa avaient progressivement transformé la station selon leurs goûts, leurs habitudes, comme deux pirates après onze mois dans leur repaire. Aucun d'entre nous ne pensa émettre la moindre suggestion quant à un ordre différent, tant la réponse était évidente: "Vous savez les gars, si ça vous plaît pas, vous pouvez toujours reprendre votre Soyouz et rentrer chez vous!"

Je souriais parfois à ce spectacle d'une totale liberté, qui permet au caractère de chacun de s'exprimer. Loin de l'idée d'un vaisseau spatial discipliné et rigoureux, c'est le côté bon enfant des Russes qui ressort, et qui contribue au succès de ces missions longue durée. La priorité est donnée au professionnalisme, à la confiance de chacun. L'autoritarisme n'est jamais de mise, car l'autorité du chef est naturelle, celle de Volodia Titov respectée par tous.

Nos deux compères disposaient d'une petite cabine personnelle. Les concepteurs de Mir, écoutant des psychologues avertis, avaient décidé d'y ajouter un petit rideau, de façon que chacun puisse éventuellement s'isoler, mais la première mesure prise par les premiers occupants fut d'alléger Mir de cet objet inutile! Si on cherchait parfois un moment d'intimité, pour écrire ou lire du courrier, on pouvait toujours aller dans un vaisseau, ou dans Kvant...

Les cabines ressemblaient à leurs propriétaires. Celle de Moussa servait de petit atelier, où une multitude de vis, écrous, circuits intégrés ou autres étaient astucieusement enchaînés pour ne pas s'évader, collés à un ruban de scotch ou simplement attachés par un petit morceau de fil de fer. Celle de Volodia était plus austère, plus rangée, et abritait quelques objets et souvenirs personnels. Sublime confort, il avait fait "monter" un flacon d'after-shave de qualité, dont il avait fait don à la communauté. »

Jean-Loup Chrétien

RECORD À BATTRE

Entre le 27 mars 2015 et le 2 mars 2016, l'Américain Scott Kelly et le Russe Mikhaïl Kornienko ont participé à la mission Year In Space, le plus long séjour mené à bord de la Station spatiale internationale (et par un Américain dans toute l'histoire des vols spatiaux): 340 jours. Il s'agissait d'étudier les effets prolongés de la micropesanteur sur leur organisme, mais également de comparer deux individus au patrimoine génétique identique: Scott Kelly et son frère jumeau Mark, ancien astronaute, resté au sol (expérience Twins Study). Le vol a été particulièrement médiatisé mais n'a pas été l'occasion de battre le record de durée dans l'espace lors d'un séjour unique, qui reste détenu par Valeri Poliakov, avec ses 14 mois d'affilée passés à bord de la station Mir en 1994-1995.

Scott Kelly et Mikhaïl Kornienko.

Michel Tognini à son retour sur terre, commentant la rudesse d'un atterrissage en Soyouz: « C'est viril! »

2. ANTARÈS, LA PREMIÈRE MISSION PAYANTE

Michel Tognini, pilote d'essais recruté comme astronaute par le CNES en 1985 et doublure de Jean-Loup Chrétien pour la mission Aragatz, fut le deuxième Français à séjourner à bord de la station Mir en juillet 1992, lors de la mission Antarès. Celle-ci s'inscrivait dans le cadre d'un nouvel accord franco-soviétique, décidé en décembre 1989, qui prévoyait le séjour d'un Français à bord de la station Mir tous les deux ans à partir de 1992. La disparition de l'URSS entre-temps ne remit pas en cause le partenariat intergouvernemental, qui indiquait dès le départ que les billets seraient désormais payants – environ 60 millions de francs, auxquels s'ajoutait le coût du développement des expériences.

À son retour sur terre au terme d'une mission de quatorze jours, Michel Tognini s'était écrié: « Je repars, je repars demain! » Rejoignant le 15e groupe d'astronautes de la NASA (Ascans) en 1995 aux côtés de Jean-Loup Chrétien, il effectua en effet un second vol spatial en juillet 1999, à bord de la navette américaine Columbia, à l'occasion du déploiement du télescope à rayons X Chandra (CXO).

UN CHOC CULTUREL

« Quand on arrive dans ce pays, c'est un véritable choc culturel. On ne peut pas rester insensible, les gens sont si proches et en même temps si différents de nous! J'ai appris le russe dans des conditions assez fabuleuses, lors d'un stage intensif de trois mois à Meudon chez des jésuites qui étaient tous des fils de Russes blancs. Mon professeur de soixante-dix ans parlait dix langues et avait une culture fantastique. Et il nous disait: "En France, on entend toujours: Je suis fatigué. En Russie, c'est plutôt: Je m'ennuie." À cette obser-

Jean-Pierre Haigneré.

vation, j'ajouterai une phrase que l'on prononce souvent ici: "Le pire n'est jamais certain." Preuve que nous ne partageons pas vraiment la même notion de l'espoir! »

Jean-Pierre Haigneré

DES ÉCUSSONS POUR CHAQUE ASTRONAUTE DU CNES

Entre 1982 et 2001, à chaque mission habitée franco-soviétique ou franco-russe, un nouvel écusson a été dessiné par un artiste moderne. Soit huit patches réalisés par l'agence Zig-Zag en fonction des directives du CNES et des astronautes concernés, et portés sur les scaphandres des équipages: l'homme étoile (PVH), la sortie en scaphandre du premier vol longue durée (Aragatz), l'astronaute contemplant sa planète (Antarès), le danseur à la tête de Terre (Altaïr), la spirale de la connaissance (Cassiopée), l'astronaute et sa monture (Pégase), le bouclier miroir reflétant un visage de l'astronaute (Perséus) et 4000 ans d'évolution depuis les habitants des grottes de la vallée du Tage (Andromède). Les écussons des missions de Claudie Haigneré ont été confiés à des femmes, successivement Fédérica Matta et Virgnie Enlart.

Les Français participant à des vols de la navette ne purent en revanche porter sur leur combinaison les logos parfois imaginés pour l'occasion par le CNES. Les deux projets proposés en 1985 pour le vol de Patrick Baudry furent tout simplement refusés par la NASA – l'un d'entre eux avait été dessiné par l'artiste belge Jean-Michel Folon, le créateur des hommes volants de la fin des programmes de la deuxième chaîne de télévision française. Philippe Perrin, lors de la mission STS-111, put seulement arborer sur ses polos le Petit Prince de son superbe écusson. Jean-Jacques Favier, en 1996, avait emporté avec lui quelques exemplaires d'un écusson associé à des expériences pédagogiques, dessiné par l'un des auteurs du présent ouvrage.

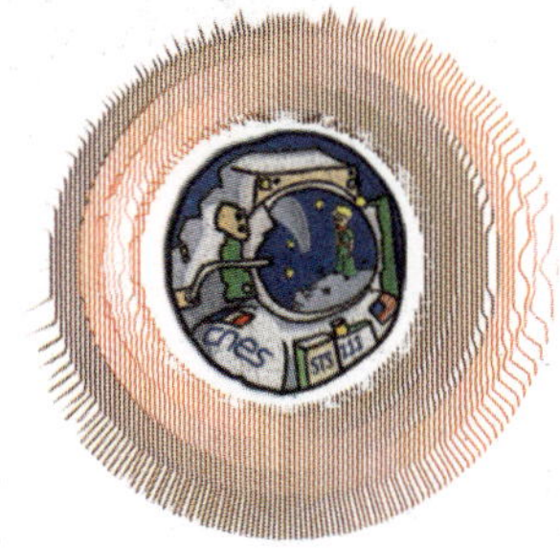

3. ALTAÏR, SUITE D'ANTARÈS

À Jean-Pierre Haigneré, pilote d'essais issu de la même promotion d'astronaute, que Michel Tognini et doublure lors de la mission Antarès, revint le troisième siège français vers la station Mir, lors de la mission Altaïr. Effectuée en juillet 1993, celle-ci dura près de trois semaines. Elle réutilisa le matériel scientifique d'Antarès, permettant la réalisation de six expériences de science de la vie, une expérience de physique des fluides, deux expériences technologiques, mais également des expériences pédagogiques.

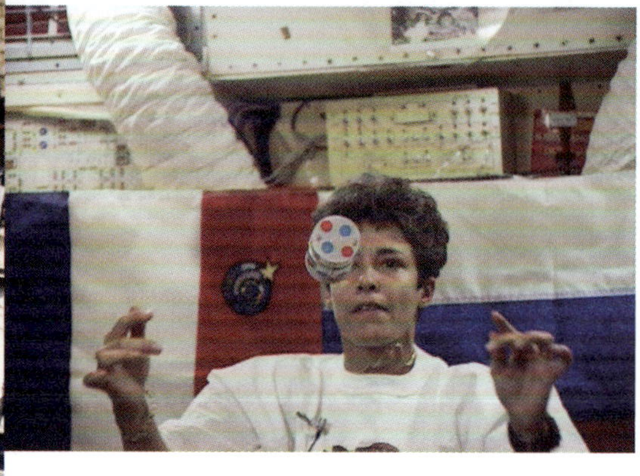

Claudie Haigneré avant le départ de la mission Cassiopée et manipulant une expérience jeunesse à bord de la station Mir.

4. CASSIOPÉE ET LA PREMIÈRE FRANÇAISE DE L'ESPACE

La mission Cassiopée, réalisée trois ans plus tard, fut probablement la plus médiatisée de toutes les missions françaises à bord de Mir, car elle fut menée par Claudie Haigneré (à l'époque appelée André-Deshays), la première Française de l'espace. Également sélectionnée par le CNES en 1985, cette médecin rhumatologue au parcours étonnant (qui lui valut le surnom « Bac + 19 ») avait été doublure de Jean-Pierre Haigneré pour la mission Altaïr. Alors que le tour de la jeune femme était normalement venu, son commandant de bord Guennadi Manakov fut victime d'arythmie cardiaque au cours d'une ultime séance d'entraînement, une semaine avant le départ de la mission Cassiopée ! Mais, heureusement, la règle qui s'imposait dans une telle situation ne fut pas complètement appliquée : l'équipage titulaire du vol fut remplacé par l'équipage suppléant, à l'exception de Claudie Haigneré...

Lors de sa mission de deux semaines, la Française côtoya notamment l'Américaine Shannon Lucid, qui effectuait depuis le 22 mars précédent le premier séjour longue durée d'un astronaute de la NASA à bord de la station Mir, et profitait d'une extension de mission de six semaines. Elle réalisa ainsi un vol de 188 jours, établissant un double record, occidental et féminin. Le premier fut battu en 1999 par Jean-Pierre Haigneré (de 16 heures), le second en 2006-2007 par l'Américaine Sunita Williams (porté à près de 195 jours, puis battu de cinq jours par l'Italienne Samantha Cristoforetti en juin 2015).

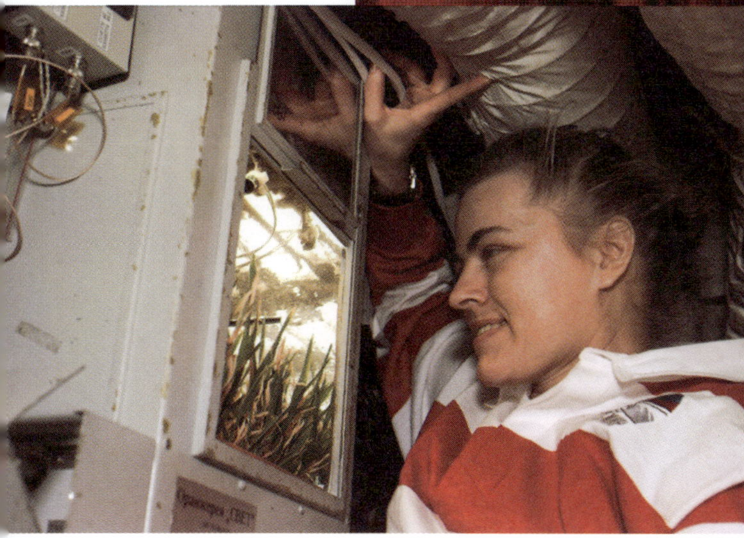

Shannon Lucid à bord de Mir devant la serre SVET.

LA SERRE DE MIR

« Je garde un souvenir ému de l'équipement SVET, plus communément appelé la serre, qui était placé dans le module Kristall de la station Mir. Les plantes qui y étaient cultivées par les équipages de longue durée constituaient en fait le seul endroit "vivant" de la station. À côté des équipements technologiques et au milieu du vide spatial, elles rappelaient la Terre.

Je me souviens m'être "levée" une nuit, tandis que tout le monde était assoupi à bord de la station et que nous nous trouvions dans l'ombre de la Terre, et avoir été attirée par une lueur, au fond du module Kristall. Je me suis donc dirigée vers ce halo de lumière, vert, et ai découvert Iouri Onoufrienko planté devant. Il séjournait à bord de la station depuis six mois, avait soulevé le couvercle de la serre et allumé sa lumière pour admirer les couleurs de la nature… »

Claudie Haigneré

5. STS-84, SIXIÈME MISSION DU PROGRAMME SHUTTLE-MIR

En mai 1997, Jean-François Clervoy fut le sixième Français à visiter Mir, à l'occasion de la mission STS-84 de la navette Atlantis. Ingénieur de l'armement, d'abord recruté par le CNES en 1985 puis transféré à l'ESA en 1992, Jean-François Clervoy intégra trois mois plus tard le corps des astronautes de la NASA (groupe 14), pour devenir spécialiste de mission. Il réalisa son premier vol spatial en novembre 1994, également sur Atlantis (mission ATLAS-3/STS-66). Il fut à cette époque le plus jeune astronaute français de l'histoire (presque trente-six ans).

D'une durée de neuf jours, STS-84 constituait la sixième mission d'amarrage entre une navette et la station Mir. Elle fut l'occasion de livrer 3,3 tonnes de vivres et de matériel, et de relever l'astronaute américain Jerry Linenger, témoin de l'incendie à bord de la station le 23 février précédent. Il fut remplacé par son collègue anglo-américain Mike Foale et rentra sur terre après un vol de 132 jours.

Parmi l'équipage de la navette figurait notamment Elena Kondakova, épouse du cosmonaute Valeri Rioumine, directeur du programme Shuttle-Mir côté russe. Avant cette mission, elle fut la première Russe à effectuer un séjour de longue durée à bord de Mir (178 jours, entre octobre 1994 et mars 1995), aux côtés notamment du médecin Valeri Poliakov, qui réalisait alors son séjour historique. Jusqu'à l'avènement de la Station spatiale internationale, Kondakova fut la seule femme à avoir à la fois volé à bord d'un Soyouz russe et d'une navette américaine.

UN REPAS INTERNATIONAL

« Ce fut le plus mémorable de tous mes dîners. La journée avait été très longue et les activités intenses. Nous voulions avoir fini à l'heure pour ne pas perdre une seconde de cette "virée" entre copains. Exceptionnellement, pas une alarme n'avait retenti dans Mir pendant les trois heures entières qu'avait duré le repas. Côté navette, un seul signal avait forcé l'un d'entre nous (Carlos, toujours très dévoué) à jeter un coup d'œil dans le cockpit, situé à l'autre bout du complexe. Il s'agissait d'un avertissement de fin de remplissage d'un réservoir d'eau de la navette. Le plus remarquable fut l'absence totale d'appel du "sol" qui, bien que cela n'apparaisse pas explicitement dans le plan de vol, savait au vu des trois heures bloquées pour les dix membres d'équipage qu'un événement spécial avait lieu. Par la suite, je prenais tous les repas dans Mir en y amenant ma nourriture piochée péniblement dans les tiroirs de rangement de la navette où les sachets étaient tassés si fort que l'on s'énervait facilement à essayer d'en extraire un ou deux sans déranger le reste. À l'approche de chaque repas, je me réjouissais à l'avance de retrouver mes amis, comme lors d'une sortie au restaurant, pour le partager avec eux. Ce soir-là, il y en avait pour tous les goûts en qualité et quantité, ce qui comptait pour Ed, le plus grand consommateur d'entre nous. Goûter au foie gras dans l'espace, déguster le canard confit à la sauce bordelaise aux cèpes ou le bœuf au barbecue texan en buvant de la chicha du Pérou, avaler des confiseries chinoises avec de la tisane bio ou savourer les fromages de chèvre de famille et terminer par la meilleure glace jamais consommée dans l'espace accompagnée de navettes en chocolat et de pralines belges, le tout en apesanteur avec hublots sur fond de terre... Voici les ingrédients qui composèrent une soirée rare mais gravée en encre indélébile dans notre mémoire. »

Jean-François Clervoy

Autour de la « table manger » de Mir.

Jean-Loup Chrétien dans le tunnel qui relie la navette Atlantis et la station Mir.

6. STS-86, JAMAIS DEUX SANS TROIS

Menée entre le 26 septembre et le 6 octobre 1997, la mission STS-86 marqua le passage de témoin à bord de la station russe entre les Américains Mike Foale et David Wolf, lequel fut affecté à cette mission à la fin du mois de juillet précédent à la place de sa compatriote Wendy Lawrence. Celle-ci – qui participa malgré tout au vol STS-86 – se voyait privée d'un séjour de longue durée parce qu'elle était trop petite pour porter un scaphandre extravéhiculaire russe, dans un nouveau contexte où des réparations à l'extérieur de la station s'imposaient aux membres d'équipage permanents.

Le vol fut pour le Français Jean-Loup Chrétien l'occasion de séjourner une seconde fois à bord de Mir. Devenu directeur de la division des astronautes du CNES (créée en 1990) et intégré au corps des astronautes de la NASA en 1995 (aux côtés de Michel Tognini), il était cette fois spécialiste de mission de la navette Atlantis, tout comme Vladimir Titov, l'un des deux cosmonautes qui terminait son séjour d'un an à bord de la station Mir lors de la mission Aragatz. Pour le Russe, c'était la seconde participation à une mission du programme Shuttle-Mir, deux ans et demi après l'approche *Near Mir* (« proche de Mir ») de la navette Discovery (février 1995). En compagnie de l'Américain Scott Parazynski, Titov effectua la première sortie extravéhiculaire américano-russe pendant une mission de navette, et la première durant laquelle un Russe portait un scaphandre américain.

Espérant décrocher un quatrième ticket pour l'espace mais atteignant les soixante ans, Jean-Loup Chrétien engagea en 1998 les démarches pour acquérir la nationalité américaine et quitta l'année suivante ses fonctions au sein du CNES pour devenir directeur adjoint du groupe des équipages ISS (ISS Expedition Corp) et assistant des opérations d'équipage (Crew Operations) auprès du directeur du centre Johnson de la NASA à Houston. Mais, blessé à la tête, au cou et aux épaules par la chute accidentelle d'une perceuse de trente kilos dans un magasin de bricolage en septembre 2000, il fut définitivement écarté de l'entraînement. Il rejoignit la société texane Tietronix Software, un sous-traitant en matériel électronique de la NASA qui développait un pare-brise intelligent protégeant de l'éblouissement. Puis, fin 2002, il créa Tietronix-Optics à Lannion (Côtes-d'Armor), une société spécialisée dans les systèmes optiques d'amélioration de la vision.

7. PÉGASE, LA MISSION REPORTÉE

Après avoir suivi un premier entraînement complet à la Cité des étoiles aux côtés de Claudie Haigneré, de janvier 1995 à août 1996, Léopold Eyharts, membre de la dernière sélection d'astronautes du CNES en juillet 1990, fut désigné en décembre 1996 comme titulaire de la sixième mission franco-russe, Pégase. Prévu pour l'été suivant, le vol devait compléter les six expériences menées lors de la mission Cassiopée, en physiologie cardio-vasculaire et neurosensorielle, biologie animale (l'observation du développement des œufs pondus par les fameux pleurodèles), physique des fluides et technologie, sans oublier le traditionnel volet éducatif. Mais, après la collision du cargo Progress avec la station en juin 1997, il fut reporté de six mois. Il se déroula finalement du 29 janvier au 19 février 1998. Un mois plus tôt, Andy Thomas (d'origine australienne) avait remplacé David Wolf et entamé le dernier (et le plus calme) séjour de longue durée d'un Américain à bord de Mir. Il durerait 141 jours.

PARLER RUSSE, UN CHALLENGE!

« Le principal obstacle? La langue bien sûr. L'entraînement et les vols demandent une bonne connaissance de la langue russe qui, au même titre que l'anglais, est une langue officielle de la station. Même si de plus en plus de Russes parlent l'anglais, maîtriser le russe est une nécessité pour vivre et travailler à la Cité des étoiles et également la clé pour s'intégrer à cet environnement culturel riche. De nombreuses heures de cours seront donc nécessaires avant d'aborder l'entraînement technique proprement dit. Malgré cela, l'étude de la langue restera un effort permanent.

Léopold Eyharts au hublot du Soyou. lors du voyage aller vers Mir.

Après avoir suivi deux entraînements à la Cité des étoiles entre 1995 et 1998, l'un en tant que cosmonaute remplaçant (ou "doublure") pour la mission Cassiopée, l'autre en tant que titulaire de la mission Pégase, je reste admiratif de l'expertise et du professionnalisme des spécialistes russes. Sans aucun doute, l'expérience accumulée pendant quarante ans, ainsi que la cohérence technique des vaisseaux et stations russes – qui ont progressivement évolué dans les trois dernières décennies – contribuent à la grande efficacité de la préparation.

Par ailleurs, trois années passées à la Cité dans une période où la société russe était en pleine évolution ont constitué une expérience personnelle vivante et chaleureuse. Inoubliable. »

Léopold Eyharts

8. PERSÉUS, LA DER DES DER

Perséus, la dernière mission française à bord Mir, fut un second séjour de (très) longue durée, programmé lors de l'ultime – pensait-on à l'époque – incrément d'occupation de la station. Destinée à clôturer la série de vols scientifiques franco-russes décidés en juillet 1992, sa durée a longtemps fluctué entre quelques semaines et quelques mois. C'est la perspective de pouvoir ajouter un vol « taxi » payant, qui poussa les Russes à offrir à Jean-Pierre Haigneré, six ans après son premier vol, un poste d'ingénieur de vol au sein de l'équipage permanent EO-27 – le premier confié à un non-Russe –, sans hausse de prix. Soit pour le CNES un coût de 109,5 millions de francs, plus 4,5 millions pour la remise à niveau des expériences – sensiblement les mêmes depuis la mission Cassiopée.

Lancé le 20 février 1999, le Soyouz TM-29 constitua une autre première, celle d'être occupé par des passagers de trois nationalités différentes: un Russe (Viktor Afanassiev, commandant de bord), un Français (désormais intégré au corps des astronautes européens) et le premier astronaute slovaque, Ivan Bella.

« Ce dernier vol a finalement duré six mois, alors que j'étais parti pour seulement quatre mois, raconte Jean-Pierre Haigneré dans un entretien publié sur le site de la revue *Sciences et Avenir* en novembre 2016. Or mes expériences ne sont arrivées qu'un mois et demi plus tard. Je n'avais pas de plan de vol au début... C'était un peu dur. Je faisais des photos de la Terre [...]. »

Après l'arrivée du Progress M-41 en avril 1999 (moins de cinq mois et demi après le précédent ravitaillement de la station), le programme expérimental put enfin se mettre en place, poursuivant celui des missions Cassiopée et Pégase, et agrémenté de nouvelles manipulations, françaises, allemandes et européennes dans les domaines des sciences de la vie, de la physique et de la biologie.

La mission Perséus fut ponctuée par ailleurs de trois sorties extravéhiculaires. La première, réalisée le 16 avril par Viktor Afanassiev et Jean-Pierre Haigneré, dura 6h19. Les deux hommes rapatrièrent les boîtiers de deux expériences, Comet (micrométéorites) et Spica (technologie), mirent en place l'expérience Exobiologie (qui fut récupérée en juillet suivant) et larguèrent Spoutnik-99, un petit satellite radioamateur conçu par des jeunes franco-russes.

Le 11 août, l'équipage put observer la fameuse éclipse totale de Soleil, et Jean-Pierre Haigneré réussit une saisissante photo de l'ombre de la Lune portée sur les nuages qui recouvrait le nord de l'Europe.

L'éclipse du 11 [...] 1999, vue dep[...] station Mir.

UN DOIGT SOUILLÉ SUR UNE ROBE BLANCHE

« Ainsi, nous avons vu ce que jamais regard d'homme n'avait encore pu contempler: ce spectacle étrange qu'est la trace laissée sur la Terre par une éclipse solaire. Prévenus de longue date, nous avions bien préparé notre affaire. Appareils photo, caméra vidéo et autres appareils numériques étaient installés à tous les hublots disponibles. Viktor [Afanassiev], depuis le module Kvant-2, et moi dans Priroda étions prêts à mitrailler en direction de la Terre, tandis que Sergueï [Avdeïev] dans Kristall disposait d'un appareil muni de filtres spéciaux et devait s'attaquer au Soleil. Nous nous attendions tous à un spectacle encore plus exceptionnel que celui de notre quotidien sans pour autant bien savoir ce que nous allions observer.

Noir approximatif

« C'est Viktor qui, le premier, a annoncé le phénomène. Tout de suite après, sur ma droite, j'ai réalisé que je commençais moi aussi à apercevoir cette tache sombre, d'un noir approximatif, aux contours mal définis, comme une immense salissure laissée sur le blanc très pur des nuages. Bien que difficile à localiser à cause de ces derniers, la trace de l'éclipse se trouvait alors quelque part sur la Manche. Elle a défilé tranquillement de droite à gauche devant le hublot, comme dans un panoramique de cinéma, sans nous laisser vraiment le temps d'analyser nos perceptions, accaparés que nous étions par les prises de vue. En moins de deux minutes, elle avait disparu en nous laissant un certain malaise.

Je ne saurais mieux décrire cette impression étrange qu'en disant que cette tache paraissait incongrue, tant son absence d'esthétisme tranchait avec nos visions habituelles de la Terre. Incongrue comme la trace qu'un doigt souillé de cambouis aurait laissée sur la robe d'une jolie dame, au niveau de ses rondeurs. Une robe dessinée, disons, par Christian Lacroix, la magnifique trame des nuages ce jour-là rappelle étrangement la richesse des broderies utilisées par le maître. L'orbite suivante, 90 minutes plus tard, il était encore possible de l'apercevoir au loin, près du Pakistan, mais pour la dernière fois et avant bien longtemps.

La disgrâce laissée sur la surface de notre planète par un Atlas aux mains sales n'était que passagère. Ce n'est malheureusement pas le cas des traces que nous y laissons nous-mêmes et que de nombreuses générations après nous regretteront. Que ce soit l'avancée des déforestations en Amazonie, de celle des zones arido-désertiques, évidentes autour de la mer d'Aral, ou encore le fleuve Betsiboka qui saigne la terre rouge des montagnes malgaches auxquelles les paysans ont abusivement arraché les arbres, les pollutions atmosphériques permanentes au-dessus de la Chine, les urbanisations abusives dans le sud de l'Espagne, les nombreuses traces de dégazage de pétroliers dans toutes les mers, la liste est longue des catastrophes écologiques avérées ou en développement dont le spectacle nous est infligé chaque jour. Ainsi en est-il des étranges traces de nuages argentés et bleutés, phénomènes décrits comme rares par les spécialistes. Nous les avons observées au-dessus du pôle Nord chaque fois que le coucher du soleil éclairait cette tranche d'atmosphère à contre-jour. Elles n'ont rien de très rassurant, surtout si on établit un parallèle avec les fluctuations de la couche d'ozone qui sont observées depuis quelques années.

Notre environnement dégradé

« Nous disposons ici d'une situation malheureusement privilégiée pour observer ces dégradations de notre environnement et prendre conscience que seule une gestion globale de notre planète garantira une utilisation raisonnable de ses ressources (eau, air, forêts, énergies, fossiles…). Comme dans d'autres domaines, un droit d'ingérence peut se justifier, puisque la survie de notre espèce est peut-être en cause.

De ce point de vue, la Station spatiale internationale peut être le territoire privilégié d'une action de surveillance concertée, du fait, justement, de son statut international, de ses possibilités techniques et des images spectaculaires qu'elle peut produire. Souhaitons que les autorités publiques lui donnent dans un premier temps les moyens d'alerter et de motiver les opinions comme l'a si bien fait Cousteau pour la mer avec sa célèbre *Calypso*. »

Jean-Pierre Haigneré

L'ARMAGNAC À LA PAILLE

« Célébrer son anniversaire en orbite n'est certes pas ordinaire, et la station n'est pas le lieu le mieux approprié pour organiser une fête. Mais voilà, le 19 mai 1999, nous avons organisé une petite soirée à bord – cela nous arrive environ deux fois par mois. Comme nous tenons à rester des hommes civilisés au milieu de tout ce néant, nous avons revêtu notre plus belle combinaison de vol et, à l'heure du dîner, je suis allé chercher une petite bouteille d'armagnac dans la cave de Mir.

La contenance du flacon? Seulement 33 centilitres, pas de quoi nous faire perdre la tête! Selon la tradition russe, nous portons des toasts, le commandant en premier, puis chacun à tour de rôle, jusqu'à ce que la bouteille soit vide, ce qui en général prend peu de temps. Les mots prononcés importent peu; il suffit qu'ils soient chaleureux. Cette coutume existe depuis des siècles, bien avant Mir, et Alexandre Dumas l'a beaucoup mieux décrite que moi dans ses carnets de voyage!

Mais l'originalité de la version spatiale de cette cérémonie est que, pour boire, nous utilisions des pailles, car il n'y a pas de verre à bord, et c'est en les croisant que nous trinquons, comme on croise le fer des épées. On peut ainsi boire jusqu'à la dernière goutte en aspirant depuis l'extrémité du goulot, car les forces de tension de surface font remonter le précieux liquide ambré au fur et à mesure qu'il est aspiré. J'entends déjà crier les puristes, mais, que voulez-vous, microgravité oblige ! »

Jean-Pierre Haigneré

RÉPARÉE COMME UNE VOLGA

« En franchissant à nouveau l'écoutille de Mir, le 22 février 1999, j'ai aussitôt ressenti que non seulement tout était en ordre dans la station, mais surtout que la situation était bien meilleure que celle que j'avais connue lors de mon précédent séjour en 1993. La forme et le dynamisme de l'équipage ne trompaient pas: tout allait bien à bord. Cette impression n'a fait que se confirmer au fil des jours. [...]

Enfin, même si ce n'est pas là l'essentiel, je perçois une nette amélioration du confort: profusion de matériel facilitant l'organisation de la vie et du travail, ordinateurs, systèmes de transmission plus modernes, meubles de rangement, appareils photo et vidéo, nourriture variée...

Ces observations me font penser aux propos que m'a tenus un jour le cosmonaute Sergueï Krikalev: "Comme dans la célèbre voiture russe Volga, dans Mir, tout peut tomber en panne, mais tout y est réparable !" »

Jean-Pierre Haigneré

« J'ai négocié à la fin pour rester quatre jours de plus pour être le premier non-Russe à faire le vol le plus long à cette époque », confie Jean-Pierre Haigneré, sur le site de *Sciences et Avenir*. Le record fut en effet porté à près de 189 jours. Il ne sera battu côté américain qu'en 2002 (Daniel Bursch et Carl Walz séjourneront plus de 195 jours sur l'ISS) et côté européen en 2012 (près de 193 jours pour le Néerlandais André Kuipers).

L'équipage rentra sur terre le 28 août 1999, non sans émotion, pensant être le dernier à avoir occupé la « datcha » de l'espace avant sa destruction programmée en vertu des accords passés avec les Américains: il s'agissait désormais de se consacrer exclusivement à l'assemblage de la Station spatiale internationale, débuté en décembre 1998.

Néanmoins, un dernier équipage composé des Russes Sergueï Zaliotine et Alexandre Kaleri (ancien compagnon de voyage de Michel Tognini et de Claudie Haigneré) fut envoyé vers Mir en avril 2000, pour un ultime séjour de deux mois et demi, destiné à préparer la désorbitation. Son financement fut assuré par l'éphémère société MirCorp, créée en 1999 pour commercialiser des séjours touristiques à bord de la station russe – le milliardaire américain Dennis Tito avec qui elle avait signé vola en définitive sur l'ISS en avril 2001.

Mir fut précipitée dans l'atmosphère le 23 mars 2001, sans créer aucun incident qui aurait ravi les adeptes de Paco Rabane. À ce moment, pour Jean-Pierre Haigneré (devenu chef des astronautes de l'ESA), tous ceux qui ont vécu une tranche de vie à bord de Mir ont « perdu un peu de leur âme ».

LES SÉLECTIONS DU CNES

Outre la sélection de 1980 pour la mission PVH, le CNES a procédé à deux autres recrutements d'astronautes. Le premier, en 1985, est intervenu dans un contexte favorable aux vols habités, qui laissait envisager quatre à cinq missions avec les Américains ou les Soviétiques pour la période 1987-1991 d'une part, et voyait le lancement en Europe (à l'initiative de la France) du projet d'avion spatial Hermes d'autre part. Sept candidats, civils et militaires, furent ainsi retenus: Jean-François Clervoy (ingénieur général de l'armement), Claudie André-Deshays (médecin rhumatologue), Jean-Pierre Haigneré (pilote d'essais), Jean-Jacques Favier (physicien), Michel Tognini (pilote d'essais), Frédéric Patat (médecin) et Michel Viso (vétérinaire).

Un second recrutement, plus discret (révélé en premier dans les colonnes d'*Air & Cosmos*), fut effectué en 1990, uniquement parmi des pilotes militaires. Léopold Eyharts (déjà candidat en 1985), Jean-Marc Gasparini, Philippe Perrin et Benoît Silve intégrèrent à leur tour la direction des astronautes du CNES, récemment créée, et dirigée par Jean-Loup Chrétien.

LES SÉLECTIONS DE L'ESA

L'Agence spatiale européenne a effectué sa première sélection d'astronautes en 1977, dans la perspective du programme Spacelab. Elle avait alors choisi trois représentants de ses États membres: Ulf Merbold (Allemagne), Wubbo Ockels (Pays-Bas) et

Claude Nicollier (Suisse). Aucun des cinq candidats présélectionnés par la France ne fut retenu, ni même parmi les « réservistes », qui comptaient Dirk Frimout (Belgique) et Franco Malerba (Italie).

En 1992, s'appuyant à nouveau sur des présélections nationales, l'ESA procéda à un deuxième recrutement et retint six nouveaux candidats : Maurizio Cheli (Italie), Jean-François Clervoy (astronaute du CNES depuis 1985), Pedro Duque (Espagne), Christer Fuglesang (Suède), Marianne Merchez (Belgique) et Thomas Reiter (Allemagne).

Entre 1998 et 2002, les différents corps d'astronautes nationaux disparurent au profit d'un corps unique d'astronautes européens, basé à Cologne (en Allemagne), qui intégra ceux de chaque pays.

En 2009, constatant le vieillissement de son corps d'astronautes et disposant désormais d'incréments réguliers sur des missions de longue durée à bord de l'ISS, l'ESA effectua elle-même sa première sélection. Quatre postes étaient à pourvoir et plus de 8400 candidats se manifestèrent à travers l'Europe. Six furent finalement retenus – les « Shenanigans » : Samantha Cristoforetti (Italie), Alexander Gerst (Allemagne), Andreas Mogensen (Danemark), Luca Parmitano (Italie), Timothy Peake (Grande Bretagne) et… Thomas Pesquet. En 2017, l'Allemand Matthias Maurer est venu renforcer les rangs, après sept ans d'attente (il figurait parmi les dix finalistes en 2009).

La promotion 2009 des astronautes de l'ESA autour Jean-François Clervoy (promotion 1992) à bord de l'avion Zéro-G de Novespace.

La Terre ou Mars ?

a Terre
u Mars ?

V

ISS, la station vraiment internationale

La réalisation de grands programmes en orbite est systématiquement prévue au moins une décennie à l'avance entre les grandes décisions politiques et scientifiques et l'accomplissement des missions. Ce fut le cas dans les années 1970 pour la préparation des premiers vols des navettes STS comme pour la station soviétique Mir, pour lesquels les nombreux vols sur Saliout ont permis de mieux comprendre les défis des vols habités de longue durée. La gestation de la Station spatiale internationale fut encore plus longue, car elle dut associer des nations autrefois adversaires.

Impressionnés par les succès soviétiques et leurs missions de plusieurs mois, les États-Unis se lancent dans l'étude de leur propre station en orbite basse dès 1984 sous l'impulsion du président Ronald Reagan. Devant les budgets astronomiques demandés, une version simplifiée est approuvée par le Congrès et officialisée en 1988 sous le nom de Freedom. Minée par des débats internes sur l'utilisation potentielle des modules par les militaires (le département de la Défense demande un accès total en cas de crise), elle demeure tout de même la première station internationale. Les Européens se sont en effet décidés en approuvant dès 1987 un module nommé Colombus, tandis que le Japon avait déjà validé sa participation avec le module Kibo en 1985. Pourtant, Freedom ne prendra jamais corps.

De la même manière, l'Union soviétique préparait l'avenir au-delà de Mir, en incluant des projets à nouveau militarisés. Le premier lancement de la fusée Energia, véritable monstre de puissance, visait à envoyer le module Polyus en orbite basse. Ce dernier aurait alors pu constituer le cœur de Mir-2, même s'il s'agissait essentiellement d'une arme : Polyus était équipé d'un gigantesque laser aux ambitions antisatellites et antibalistiques – une réponse, en somme, au programme de « guerre des étoiles » de l'adversaire américain. Polyus sera perdu à la suite d'une erreur de logiciel, tandis que la pierre angulaire de Mir-2, la navette Bourane, ne rentrera jamais en opération. Toutefois, les premières briques sont déjà en construction, notamment le module Zvezda.

Le comité Gore-Tchernomyrdine annonce en septembre 1993 la mise en place d'un projet commun pour une station spatiale internationale : l'ISS est née.

1. LA CONSTRUCTION DE L'ISS

L'ISS est le plus gros objet jamais fabriqué de main d'homme envoyé dans l'espace. Sa poutre centrale mesure aujourd'hui 110 mètres de long. Construit grâce aux contributions de cinq agences principales, la NASA (États-Unis), Roscosmos (Russie), l'ESA (Agence européenne), la JAXA (Japon) et la CSA (Canada), la Station spatiale internationale a nécessité presque une décennie de construction pour devenir un habitat performant. Il ne s'agit pas pourtant d'un dessin figé : chaque partie de l'ISS a su évoluer au fur et à mesure que les usages de la station ont changé. Plateforme commerciale, arrivée de touristes spatiaux, lancements de nanosatellites, tests de modules gonflables, autant d'exemples qui ne figuraient pas sur le plan initial des partenaires qui souhaitaient mettre en place dans les années 1990 un habitat qui « transformerait l'essai » de Shuttle-Mir sur la durée.

Le premier module à être envoyé en orbite est russe, il se nomme Zarya (Aurore). Il décolle le 20 novembre 1998 sur une fusée Proton non habitée. Toutes les opérations initiales sont automatiques et se déroulent comme prévu. Le module est aussi appelé FGB ou Fonctional Cargo Block, à cause de son utilité première : permettre à la station de se construire autour de lui, tout en servant de réservoir de carburant, d'air et d'eau. Équipé de panneaux solaires et de support-vie, Zarya assurera durant près de deux ans le pilotage et la gestion intérieure de l'ISS. Il y a aussi eu longtemps la confusion sur l'appartenance de Zarya. Même si le module se situe dans la « partie russe » de la station, il appartient officiellement aux États-Unis, qui ont financé sa construction. Toutefois, Zarya a toujours été considéré par les autorités russes comme étant leur propriété. Il a été construit, lancé et opéré par la Russie. Le module dispose de trois ports d'attache, qui sont aujourd'hui tous utilisés.

Deux semaines après le décollage de Zarya le 4 décembre 1998, c'est la navette Endeavour pour la mission STS-88 qui décolle. Dans la soute, le premier module américain, Unity. Aussi appelé Node-1, il s'agit d'un module de connexion qui va devenir le centre névralgique de l'ISS. Unity est équipé de six écoutilles, dont celle à l'avant qui possède un petit sas d'attache spécifique pour le lier à Zarya. Le 6 décembre 1998, Unity est attaché d'un côté au sas d'Endeavour et vient de l'autre s'amarrer au module russe. Contrairement à certaines estimations pessimistes, tout se passe exactement comme prévu! Les connexions externes entre le module américain et le russe sont effectuées les deux jours suivants lors de sorties en scaphandre, et après une bonne nuit de sommeil, le sas de l'ISS est pour la première fois ouvert du côté d'Unity le 10 décembre.

Le premier assemblage international de la station: le module russe Zarya et l'américain Unity sont amarrés lors de la mission navette STS-88.

Robert Cabana, qui commande Endeavour, raconte ce puissant moment de coopération à bord: « Sergueï Krikalev, je partageais mes responsabilités avec lui. Il y avait différents moments dans les procédures pour lesquels je prenais les commandes et il vérifiait, puis je le laissais aux commandes et je vérifiais à mon tour. Personne n'était plus surpris que moi quand nous avons envoyé les dernières instructions et que ça fonctionnait correctement! Tout s'est parfaitement passé. Lorsque nous étions au sol avant le départ, les médias n'arrêtaient pas de me demander: "Qui sera le premier à l'intérieur?", et je ne voulais répondre à personne. Je n'ai même rien dit à l'équipage. Je savais de quelle façon procéder. Quand nous avons ouvert l'écoutille, j'ai dit: « Sergueï, viens par ici », et je l'ai pris par l'épaule. Chaque écoutille, du sas à Unity puis jusqu'au FGB, à chaque ouverture lui et moi entrions ensemble, l'un à côté de l'autre. J'ai dit: "Tout cela va être une Station spatiale internationale, c'est nécessaire d'avoir un équipage international qui rentre dans les modules ensemble." Du coup, c'était le premier Américain, et le premier Russe dans l'ISS. Il n'y avait pas de première personne, nous sommes rentrés côte à côte dans chaque module. »

PAS DE VOLONTAIRES POUR L'ISS!

Robert Cabana était aussi le responsable du corps des astronautes, et une tâche difficile lui incombait... Nommer les astronautes pour les missions! « Les quatre premiers équipages pour la Station internationale ont été assignés durant mon mandat. Et, croyez-moi, ce n'était pas facile de trouver du monde qui soit volontaire pour partir et rester sur la Station spatiale internationale, même si c'était très excitant, révolutionnaire. À ce moment-là, nous faisions décoller environ 8 ou 9 missions navette chaque année, alors les vols étaient beaucoup plus fréquents pour ces équipages. Les contraintes étaient très pesantes pour aller s'entraîner en Russie, il fallait apprendre la langue russe et passer plus de deux ans d'entraînement avant cette première mission, soit énormément de temps loin de chez soi et de sa famille. Ce n'était pas facile pour ces premiers équipages, la situation s'est beaucoup améliorée depuis. »

Avec l'arrivée du second module russe, Zvezda (« Étoile »), le 26 juillet 2000, l'ISS va pouvoir devenir une station habitée à part entière. Zvezda est appelé le « module de service », mais il s'agit en réalité du poste de commandement de la station. Bardé d'ordinateurs, équipé de moyens de communication et de panneaux solaires, Zvezda dispose aussi de treize hublots sur l'extérieur. Disposant des quartiers pour un équipage de trois cosmonautes, incluant le support-vie et les toilettes, Zvezda est capable de propulser la station pour ajuster son orbite (à une altitude de 400 kilomètres en moyenne). Grâce à cette brique majeure de l'assemblage, et à quatre missions de navettes STS pour amener des équipements sur la station, les missions habitées vont enfin pouvoir commencer.

L'Américain Robert Cabana (à gauche) et le Russe Sergueï Krikalev se préparent à entrer dans le module Unity ensemble.

JEFF WILLIAMS RENTRE DANS ZARYA

Le 22 mai 2000, la navette Atlantis rejoint l'ISS. Il s'agit principalement de configurer le module russe (à l'extérieur comme à l'intérieur) en vue des futurs assemblages. La préparation au sol aura pris beaucoup plus de temps que prévu : comme des Américains allaient opérer sur un module russe, il a fallu envoyer tout un lot de scaphandres américains EMU à la piscine de la Cité des étoiles. Un moment unique et une montagne logistique ! Et, quelques mois plus tard, au moment de rentrer dans la première vraie Station internationale, il y a encore eu des surprises : « Nous avons fait la sortie EVA d'abord, à travers le sas de la navette, un jour après l'amarrage. Puis, le lendemain, nous avons ouvert les écoutilles, et sommes rentrés. La température à l'intérieur était de 35°, et il y avait une odeur terrible, parce qu'un équipement stocké à bord avait eu une fuite. Il nous a fallu du temps pour recycler l'air et obtenir des conditions tolérables. Ensuite, seulement, nous avons pu travailler plusieurs jours. »

Le 31 octobre 2000, le premier équipage (Mission ISS Expédition 1), composé de William Sheperd, de Iouri Gidzenko et, encore une fois, de Sergueï Krikalev, décolle depuis le Kazakhstan. Trois jours plus tard, le 2 novembre, l'équipage franchit l'écoutille de Zvezda et prend ses quartiers. Depuis cette date, l'ISS est habitée en continu, et l'Expédition 50 de Thomas Pesquet, Oleg Novitski et Peggy Whitson n'est pas la dernière ! Plus de 6 000 jours de coopération et de travail ensemble sur l'ISS.

Les missions d'assemblage vont se poursuivre à un rythme important au début des années 2000. Le 30 novembre 2000, la première paire de gigantesques panneaux solaires est installée avec succès. Puis, en février 2001, c'est l'arrivée du laboratoire américain Destiny, qui dispose pour la première fois d'un large hublot de 53 centimètres de diamètre afin d'améliorer les observations de la Terre réalisées par les astronautes. Puis les Américains profitent de l'arrivée du module Quest, qui dispose d'un sas et de stockage pour les missions en scaphandre, et les Russes installent leur propre sas Pirs la même année. Les missions s'enchaînent, avec pour but entre 2002 et 2007 de construire la gigantesque poutre centrale qui supporte les paires de panneaux solaires, des plateformes pour les expériences scientifiques et même un rail, qui peut accueillir le bras manipulateur de l'ISS et ses 10 mètres de long, le Canadarm-2.

Donald Pettit, astronaute américain, se souvient de cette ambiance très particulière lors de l'Expédition 6, en 2002 : « Les installations n'étaient pas assemblées, nous avions un quart de la puissance électrique, la moitié du volume pressurisé et la moitié de l'équipage prévu. Les ressources étaient limitées en puissance, volume et temps ! Nous apprenions comment opérer cet équipement. Quand on allumait des appareils comme les filtres à CO_2, on finissait par apprendre qu'on ne pouvait les laisser allumés plus de deux semaines entre deux pannes, et que cela requérait un envoi de nouvelles pièces, sans compter un jour ou deux pour tout redémarrer. Nous apprenions comment utiliser des systèmes que nous n'avions jamais vu auparavant. Tous les numéros de série étaient « 001 » ! Et, en même temps, nous ajoutions de nouveaux éléments tout en essayant de satisfaire les scientifiques. C'était vraiment différent de la période actuelle, où la station est complétée. Maintenant, c'est une machine bien huilée, et l'équipage passe la plus grande partie de son temps à utiliser du matériel fiable ou à faire des recherches. »

Après l'accident de la navette Columbia en 2003, qui sera fatal à ses sept occupants, la construction de l'ISS, reposant en grande partie sur les vaisseaux américains, est considérablement ralentie. Les opérations reprennent en 2006 et entament un second et dernier grand cycle de construction de la station. En octobre 2007, le module de connexion Harmony (aussi appelé Node-2) est installé au « bout » de l'ISS, ajoutant quatre nouvelles écoutilles. Avec deux mois de retard (suite à une panne sur Atlantis), le module européen Colombus, le 7 février de l'année suivante, viendra s'accrocher sur un flanc de Harmony, tandis que le module japonais Kibo décolle en mai 2008 pour occuper l'écoutille d'en face. Deux extensions russes seront installées en 2009 et 2010 : Poisk et Rassvet. Elles permettent de stocker davantage de matériel, augmentent les possibilités des sorties EVA et préparent l'arrivée du gros module scientifique russe, Nauka (dont l'arrivée, retardée depuis 2007, n'est pas prévue avant 2019...).

Le « pic de croissance » de l'ISS se termine en 2011, date à laquelle les derniers ajouts sont tous arrivés en orbite : le module américain de connexion Tranquility (ou Node-3), le module de stockage Leonardo, le robot extérieur Dextre et l'extraordinaire Cupola. Protubérance de sept fenêtres dont un hublot central de 80 centimètres de diamètre, Cupola est devenu l'espace privilégié des astronautes et cosmonautes sur la station, pour tous leurs moments de repos. Il s'agit aussi d'un espace de travail, puisque sa vue à 180 degrés « sous » l'ISS permet d'observer la Terre ainsi que les véhicules en approche. C'est de ce poste que les astronautes utilisent le bras robotisé pour attraper les vaisseaux-cargos japonais et américains qui viennent régulièrement approvisionner l'ISS. Enfin, il faut signaler un dernier module, arrivé sur la station en 2016. Le BEAM (Bigelow Expendable Activity Module) est un module conçu en partenariat public-privé entre la NASA et la division Espace du magnat de l'immobilier Robert Bigelow. Basé sur un concept testé en orbite en 2006 puis 2009, BEAM est un module gonflable, dont les parois souples se déploient autour d'un tronc central rigide. En expérimentation pour deux ans au moins, BEAM préfigure peut-être de futures stations orbitales, au grand volume intérieur et au faible coût de fabrication. Et contrairement à l'imaginaire commun, ces modules à la peau constituée d'un matériau tissé appelé Vectran seraient en réalité plus résistants aux impacts que leurs homologues rigides...

*Suspendu au b
manipulateur c
navette Endea
l'Américain Sco
Parazynski dép
une unité de
gestion électri
lors d'une sort
avec l'astronau
canadien Chris
Hadfield, en 20*

L'ISS en chiffres

Altitude: 370 à 460 km
Inclinaison: 51°
Vitesse: 8 km/seconde
110 m de longueur x 74 m de largeur x 30 m de hauteur
419 tonnes (320 automobiles)
13 modules pressurisés soit 916 m^3
388 m^3 habitables
Atmosphère: 80 % d'azote et 20 % d'oxygène à 1 bar
Température à bord: entre 18,3 et 32,2 °C
84 kW fournis par 8 panneaux solaires

Occupation permanente depuis le 2 novembre 2000:
386 passagers (dont 224 individuels) représentant 18 pays
26 500 repas consommés entre 2000 et 2015
1 760 expériences menées par 83 pays différents entre 2000 et 2015

Les partenaires du projet ISS se sont aussi engagés dans d'importants programmes pour le ravitaillement de la station.

La Russie envoie quatre exemplaires de son vaisseau cargo Progress en orbite chaque année. Régulièrement amélioré, ce véhicule emporte jusqu'à 1,8 tonne de fournitures et d'expérimentations, 420 kilos d'eau pour le renouvellement au sein des systèmes internes de l'ISS, 50 kilos d'air compressé et 850 kilos de carburant. Progress est le seul véhicule cargo capable de rehausser ou abaisser l'orbite de l'ISS. Aujourd'hui, dans une configuration idéale, il s'écoule seulement six heures entre le lancement d'un cargo Progress et son arrivée totalement automatisée sur l'ISS.

L'Europe a envoyé entre 2008 et 2015, cinq cargos ATV (Automated Transfer Vehicles), qui venaient se greffer sur la partie russe de l'ISS. Lancé grâce à Ariane-5, ATV, qui embarquait jusqu'à 8,8 tonnes de cargo à l'intérieur de sa soute pressurisée, disposait d'assez d'espace intérieur pour y entrer un bus à impériale!

Le Japon dispose de son vaisseau cargo HTV (H-2 Transfer Vehicle), qui décolle environ une fois tous les 18 mois et qui permet de ravitailler la station avec un maximum de 5,9 tonnes de matériel, entre sa soute pressurisée et son espace accessible depuis l'extérieur. HTV-6, arrivé sur l'ISS au cours de l'Expédition 50, a permis entre autres d'emmener 600 litres d'eau, mais aussi un set de batteries pour que l'ISS remplace ses capacités de stockage en place depuis plus d'une décennie.

Les États-Unis ont engagé un partenariat public-privé formalisé en 2008, et nommé Commercial Ressuply Services (CRS). Partagé entre deux industriels Orbital-ATK et SpaceX, ce contrat prévoyait l'envoi de 12 capsules-cargos Cygnus et 18 capsules Dragon entre 2012 et 2018. Malgré les retards du programme, les économies générées ont permis à la NASA de confirmer la bonne santé de son secteur spatial privé via ses subventions... Un nouvel appel d'offres a été attribué en 2016 aux mêmes entreprises pour ravitailler l'ISS jusqu'en 2024. Ce fut l'occasion pour une troisième entreprise d'entrer dans le contrat: Sierra Nevada Corporation devrait faire voler sa petite navette inhabitée DreamChaser en 2019-2020. Pour l'instant, Cygnus peut embarquer jusqu'à 3,5 tonnes de cargo et peut être lancée depuis la Terre sur deux fusées différentes. Quant au vaisseau Dragon de SpaceX, il s'agit d'une capsule capable d'embarquer jusqu'à 3,3 tonnes entre son compartiment pressurisé et son « coffre » externe. Spécificité unique pour l'instant: Dragon offre grâce à un atterrissage sous parachute dans l'océan Pacifique la capacité de ramener près de 2 tonnes d'échantillons scientifiques et de matériel expérimental.

UNE STATION AVEC DES FRONTIÈRES

Si la Station spatiale internationale est composée d'équipages cosmopolites, il y a tout de même un plan à respecter au sein de ce gigantesque assemblage de modules. En effet, pour la construction comme pour l'assemblage, les nations ont fait appel à différents industriels, et tous les équipements ne peuvent être intervertis. C'est ainsi que, même en orbite, l'ISS est composée d'une partie russe contenant les modules Zvezda, Zarya, Pirs, Poisk et Rassvet, les capsules Soyouz et les cargos Progress, qui pourrait être totalement indépendante du reste de la station (excepté pour ses besoins en électricité). Le passage entre la partie russe et le reste de l'ISS est d'ailleurs matérialisé par le module de jonction, sorte de goulot d'étranglement chargé de caissons et de matériel stocké dans des filets, qui ne peut laisser passer plus d'un astronaute ou cosmonaute de front! Plusieurs équipements sont également séparés entre les deux « blocs ».

Le système de filtrage de l'air est différent, il y a des toilettes russes et leurs équivalents américains (source de plaisanteries continuelles, ces dernières tombent plus souvent en panne), mais on peut évidemment citer aussi les différents vaisseaux de ravitaillement, les techniques d'observation…

Mais, si cette frontière est visuelle et nominative (on parle de partie russe d'un côté, USOS pour United States Orbital Segment de l'autre), elle n'est pas matérielle: au sein de la station les habitants peuvent se rendre où ils le veulent!

Ce « passeport » universel entre les différentes parties de l'ISS est capital, car toutes les nations participantes effectuent des expériences scientifiques, des tâches de maintenance ou de routine dans l'ensemble des modules. On évoque d'ailleurs l'USOS, qui contient les modules japonais Kibo et européen Columbus, mais les Russes effectuent également des recherches dans le module européen (par exemple PK-4, expérience sur le comportement du plasma en apesanteur), font du sport ou profitent, comme leurs camarades lors d'instant de repos, de la vue depuis la Cupola… Enfin, il est un rituel qui réunit systématiquement toute la station, et a lieu chaque soir à l'heure du dîner. Malgré un couvre-feu à 21 h 30, les membres d'équipage prennent le temps de manger ensemble, de partager les repas concoctés parfois par des chefs étoilés au guide Michelin, de plaisanter et d'évoquer les familles des uns et des autres. De ce point de vue, la « salle à manger » commune, qui prend place dans le module Unity, constitue le centre névralgique de la station. Unity dispose de l'écoutille vers la partie russe de l'ISS, qui est un passage obligé pour aller des laboratoires vers la Cupola, et mène directement au module Quest qui permet aux Américains et Européens de sortir en scaphandre… Et il accueille toutes les grandes occasions, notamment la « photo officielle » prise lorsque les équipages viennent d'arriver sur l'ISS, qu'ils portent les casques audio et qu'ils communiquent avec la Terre.

L'équilibre international de la station est entré depuis 2011 dans un schéma assez rigide, qui est appelé à évoluer. Les équipages se composaient toujours de trois Russes, deux Américains et un astronaute japonais, européen ou canadien. De cette façon, il peut toujours y avoir deux Russes expérimentés (pilotant la capsule Soyouz à l'aller et au retour) et un apprenti, un Américain expérimenté et un apprenti, ainsi qu'un astronaute d'une autre agence sur la station. Les vaisseaux et équipages font des rotations tous les trois mois et l'équilibre est respecté. On ne retrouve cependant pas les mêmes proportions en termes de module: la Russie n'ayant pu envoyer son large laboratoire orbital MLM-Nauka en orbite, elle a réduit en 2017 sa participation à deux cosmonautes par équipage complet. De l'autre côté de l'ISS, c'est la situation inverse: avec les futures capsules américaines, ce sont quatre membres d'équipage qui devaient faire le trajet à chaque rotation à partir de 2018: d'importants changements sont à venir au-dessus de nos têtes!

Claudie Haigneré à la Une de la revue Spaceflight de la British Interplanetary Society, à Londres.

QUELLE HEURE EST-IL À BORD?

À la vitesse de 28000 km/h, la Station spatiale internationale décrit un tour complet autour de la Terre en seulement 92 minutes. La durée du jour n'est ainsi plus rythmée par le lever et le coucher du Soleil, qui apparaît et disparaît désormais 16 fois en 24 heures. Les occupants de l'ISS provenant de différents pays aux différents fuseaux horaires et ne pouvant vivre chacun à leur propre rythme, c'est le fuseau horaire international de référence qui a été adopté: le temps universel coordonné (UTC). Dès lors, la « journée » des équipages démarre généralement à 6h30 UTC et se termine à 21h30 UTC.

Au sol, les contrôleurs et les scientifiques qui dialoguent au quotidien avec les astronautes doivent donc également se fixer sur ce créneau, et leurs horaires se retrouvent plus ou moins décalés. Ainsi, les équipes russes sont mobilisées de 9h30 à 0h30, heure de Moscou. Mais, à Houston, le suivi doit démarrer en pleine nuit, à 0h30, pour se terminer à 15h30, heure locale. Une solution est de faire travailler les astronautes dans les modules russes en début de journée, en relation avec les équipes russes au sol, puis de passer dans le laboratoire américain en seconde partie de journée, et poursuivre les activités en lien avec les équipes américaines. Pour le travail à bord du module Columbus, les Européens ont la chance de n'avoir qu'une heure ou deux de décalage avec la station (il faut ajouter une heure de plus en hiver et deux heures de plus en été, pour passer de l'heure UTC à l'heure française). Pour s'adapter à ce rythme, les équipages vivent pendant quelques semaines à l'heure de Moscou.

Du temps des missions Apollo ou de la navette spatiale, qui ne s'amarrait jamais plus de trois semaines à l'ISS, une autre référence de temps était utilisée: le temps écoulé de mission (MET). Les contrôleurs au sol à Houston et les occupants de la station se calaient alors sur le moment de décollage de la navette, et tout le monde travaillait comptabilisant le temps écoulé depuis, en jours/heures/minutes. Ce choix se révélait assez fatigant pour les équipages permanents, car totalement décalés avec le rythme de travail habituel.

2. LES FRANÇAIS SUR L'ISS AVANT THOMAS PESQUET

Andromède, la première Européenne

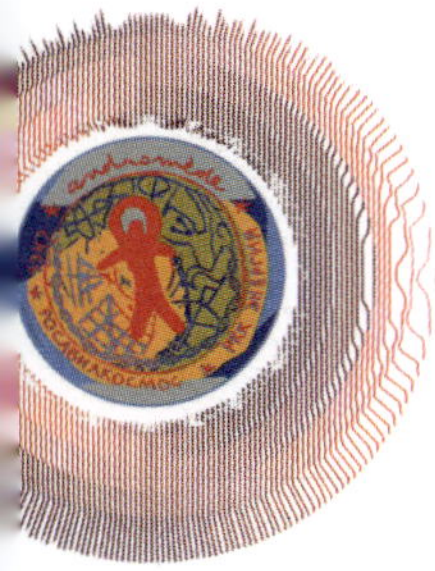

Doublure de Jean-Pierre Haigneré pour la mission Perséus, Claudie Haigneré avait suivi le même entraînement complet d'ingénieur de bord et de sortie extravéhiculaire. Puis, après le début de la mission, en février 1999, elle avait poursuivi sa formation pour devenir, cinq mois plus tard, la première femme qualifiée cosmonaute sauveteur, autorisée à commander le vaisseau Soyouz lors d'un retour sur terre. En novembre 1999, intégrée au corps des astronautes de l'ESA, Claudie Haigneré avait rejoint le Centre des astronautes européens, à Cologne, pour travailler sur le programme Columbus et les aspects médicaux des vols habités, en attendant une nouvelle affectation. Celle-ci arriva en janvier 2001 : un poste d'ingénieur de vol, à l'occasion d'un vol « taxi » à destination de la Station spatiale internationale (et sous le commandement de Viktor Afanassiev, déjà présent lors de la mission Perséus). Ainsi Claudie Haigneré (épouse de Jean-Pierre Haigneré depuis le mois de mai 2001), après un quatrième entraînement à la Cité des étoiles, effectua son second séjour dans l'espace du 21 au 31 octobre, devenant la première Française et la première Européenne à séjourner à bord de l'ISS, dans le cadre d'une nouvelle mission franco-russe. Son programme expérimental (dix expériences en sciences de la vie, sciences de la matière, observation de la Terre et étude de l'ionosphère, plus des manipulations pédagogiques) fut mis en œuvre dans le module russe. L'ISS à l'époque ne compte que huit éléments, mais son volume habitable équivaut déjà à celui de la station Mir.

PREMIER CONTACT

« L'approche vers la station est toujours un moment très fort, de pure science-fiction. Notre vaisseau Soyouz TM-33 arrive aux abords de l'ISS comme dans un vrai aéroport. Après avoir examiné les différents sites d'amarrage, nous nous "garons" avec une infinie douceur aux côtés du Soyouz TM-32 déporté au bout du compartiment Pirs, sur le nœud du module FGB, latéralement à l'axe longitudinal de cette station que j'ai hâte de découvrir. Mais nous avons quelques difficultés à équilibrer les pressions entre le Soyouz et la station avant de pouvoir ouvrir le sas. Cet incident nous met en retard pour notre premier rendez-vous avec l'équipage déjà en place et notre première conférence de presse.

L'accueil de l'équipage permanent ISS-3 est particulièrement chaleureux. Avec Frank Culbertson, le commandant, Vladimir Dejourov (Volodia) et Mikhaïl Tiourine (Micha), nous découpons et dégustons des fruits frais, tout juste arrivés de Baïkonour. Puis, comme tout nouvel arrivant dans la station, nous écoutons attentivement les consignes de sécurité prodiguées par Frank. La hiérarchie est nette à bord de l'ISS, même si l'atmosphère est amicale et l'organisation perturbée par notre arrivée. Nous allons nous efforcer de faire cohabiter deux programmes technique et scientifique chargés pendant cette semaine. Chacun doit connaître sa place et son rôle. Ce rôle de commandant du vaisseau est alternativement occupé par un astronaute russe ou américain lors de la relève d'un équipage permanent (4 à 6 mois de séjour). »

Claudie Haigneré

STS-111, un festival de sorties

Recruté par le CNES en 1990, Philippe Perrin avait pu intégrer le groupe 16 de la NASA en 1996, un an après Jean-Loup Chrétien et Michel Tognini. À ses côtés figurait notamment... Peggy Whitson, avec qui il effectua son baptême de l'espace lors de la mission STS-11 UF-2 de la navette Endeavour à destination de l'ISS, le 5 juin 2002. L'Américaine resta à bord de la station jusqu'en décembre suivant, alors que le Français rentra sur terre au terme d'une mission de près de quatorze jours, durant laquelle il réalisa pas moins de trois sorties extravéhiculaires. Destinées à installer du matériel à l'extérieur de l'ISS, elles furent menées en compagnie de l'astronaute américano-costaricien Franklin Chang-Diaz, qui effectuait alors son... septième vol.

VIVRE À L'AMÉRICAINE

« Avec mon épouse Cécile, nous avons fait le choix de vivre à l'américaine. La NASA et le corps des astronautes forment une petite communauté à laquelle nous nous sommes très rapidement intégrés. S'il y a quelque chose de réaliste dans tous les films qui retracent l'aventure spatiale, c'est bien ce côté barbecue à Houston et bande de copains ! Nous habitons tous à dix minutes les uns des autres. Ce qui peut parfois conduire à des situations assez drôles. Un jour, ma fille, voulant sans doute frimer auprès de ses camarades, lance fièrement au cours d'un repas : "Mon papa est astronaute !" Pas de chance pour elle : j'étais le seul autour de la table à ne pas avoir encore volé !

Philippe Perrin.

C'est tout ce qui fait le charme de l'esprit français qui nous manque. Mais, pendant ces cinq ans [de préparation], la dimension culturelle de mon intégration a été très importante. J'ai voulu comprendre ce pays et les décalages qu'il pouvait y avoir avec la France. A priori, nos valeurs sont les mêmes mais nous sommes en fait très différents dans de nombreux domaines, que ce soit l'approche de la religion ou la préservation de l'environnement. C'est pourquoi j'aimerais par la suite faire en sorte que nos deux peuples se comprennent mieux et continuent d'avoir de grands projets en commun. »

Philippe Perrin

Expédition 16, la mise en route de Columbus

Intégré au corps des astronautes européens en août 1998 (six mois après la fin de la mission Pégase), Léopold Eyharts fut le cinquième Français à rejoindre Houston pour intégrer le corps des astronautes de la NASA (groupe n° 17) et suivre une formation de spécialiste de mission. En 2004, il fut désigné comme doublure de l'Allemand Thomas Reiter pour le premier séjour de longue durée de l'ESA à bord de l'ISS, qui se déroula du 4 juillet au 22 décembre 2006 (mission Astrolab). Le Français fut ensuite nommé titulaire de la mission longue durée suivante, qui devait permettre la livraison et la mise en service du laboratoire européen Columbus, entre le 6 décembre 2007 et le 29 février 2008 (soit 86 jours). Mais une défaillance de capteurs de jauge d'hydrogène du réservoir externe cloua au sol la navette Atlantis durant deux mois. Léopold Eyharts s'envola finalement le 7 février et, après le retour sur terre de la mission STS-122, fit partie du troisième équipage l'Expédition 16, aux côtés du Russe Iouri Malentchenko et de… Peggy Whitson, qui effectuait alors son deuxième vol également et était devenue la première femme commandant de bord de l'ISS. Léopold Eyharts fut ramené sur terre le 26 mars 2008 par la navette Endeavour (mission STS-123), après 48 jours de vol.

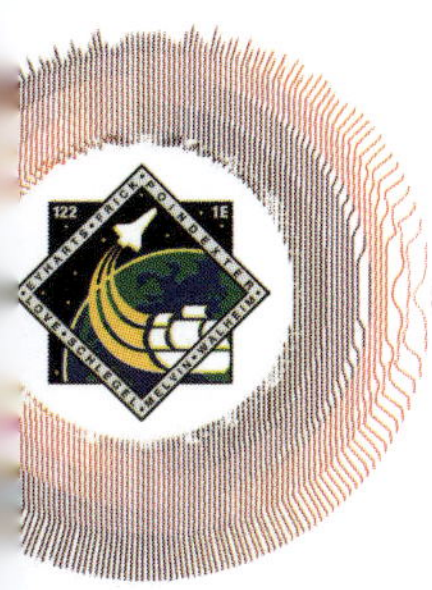

« Nous avons une pensée spéciale, à ce moment, pour toutes les personnes en Europe et aux États-Unis qui ont contribué à la réalisation de Columbus, a-t-il déclaré lors de sa première visite du laboratoire européen. Je veux parler des agences spatiales, de l'industrie, mais aussi de tous les citoyens qui soutiennent le vol spatial. Je suis très fier d'être ici et d'entrer pour la première fois dans Columbus. »

Peggy Whitson, Oleg Novitski et Thomas Pesquet, les trois protagonistes de la mission Proxima.

3. THOMAS PESQUET ET LA MISSION EXPÉDITION 50

L'équipage du Soyouz MS-03

Trois astronautes, à l'image de centaines d'autres avant eux, font partie de cette mission internationale. Pour autant, leur histoire personnelle vient rappeler que ce métier extraordinairement exigeant est formé de profils variés, aux origines et aux cultures différentes. Un Russe, une Américaine et un Français. Des acteurs passionnés par leur expérience, tenaces au-delà des sélections et des examens, qui ont tout fait pour mériter leur place, couchés sur 274 tonnes de carburant explosif de leur fusée Soyouz, le 17 novembre 2016. Un trio qui s'est entraîné ensemble durant deux ans, se connaît parfaitement et s'apprécie.

Oleg Viktorovitch Novitski

526e sujet de l'espace depuis le 23 octobre 2012
Né le 12 octobre 1971 à Tcherven, en Biélorussie
Lieutenant-colonel dans l'armée de l'air russe
Sélectionné cosmonaute en 2006
Deux vols spatiaux: Expéditions 33/34 et 50/51
45 ans au moment du lancement de Proxima
Temps passé dans l'espace avant la mission Proxima: 143 jours 16 heures et 15 minutes
Formé aux sorties en scaphandre russe Orlan.

Oleg Novitski dispose du profil le plus « classique » des trois compagnons et collègues. Né dans une famille d'ouvriers et simples travailleurs, il est le frère aîné d'une fratrie de trois. Inspiré très tôt dans son enfance par les exploits de l'aviation russe, il a déjà sa vocation, qu'il confirmera lors de son adolescence. Son cousin, Igor Novistki, étudie alors à l'école des pilotes de chasse de Borissoglebsk. En l'écoutant raconter sa vie étudiante lors de quelques permissions, Oleg voit son chemin tout tracé. Il fera ses classes et suivra la même formation en 1988, avant d'obtenir son diplôme en 1995. Pilote de chasse, il va se qualifier sur le Su-25 et le L-39 Albatros (600 heures de vol) et participera à la guerre de Tchétchénie, tout en étudiant le commandement tactique de forces d'attaque au sol. En 2004, il entrera à l'Académie de l'Armée de l'air Iouri Gagarine et en sortira deux ans plus tard avec le grade de lieutenant-colonel. Entre-temps, il a rencontré sa femme Ioulia, qui est journaliste. Elle a écrit en 2013 un récit de son expérience: *Oleg Novitski. La voix du cœur. Journal d'une femme de cosmonaute.*

Diplôme en poche, Oleg Novitski passe la sélection comme candidat cosmonaute en 2006, avec succès. Après un déménagement au centre de formation de la Cité des étoiles, près de Moscou, il commence son cursus d'apprenti cosmonaute en février 2007. La formation dure deux ans, elle est intensive et exigeante; l'obtention du diplôme de cosmonaute ne permet pas automatiquement d'être assigné à une mission: seuls les meilleurs de leur promotion sont assurés de partir... La formation terminée, Oleg Novistki devient cosmonaute d'essais. Il démarre les entraînements en octobre, et attend son affectation à une expédition ISS.

La nouvelle tombe officiellement le 8 juillet 2010: Oleg est affecté aux Expéditions 33 et 34. Il ira pour cela s'entraîner autour du monde, dont plusieurs semaines au centre des astronautes de la NASA à Houston, au Texas. La fusée Soyouz qui le transporte vers l'ISS décolle le 23 octobre 2012: il fait le trajet avec son compatriote Evgueni Tarelkine et l'Américain Kevin Ford. Les deux expéditions auxquelles il prend part sont très internationales, et très expérimentées: il travaillera sur orbite avec l'Américaine Sunita Williams (qui atteindra à l'occasion de ce second vol près de 322 jours cumulés dans l'espace), le Russe Iouri Malentchenko (5e vol), mais aussi le Japonais Akihiko Hoshide (2e vol). Deux mois plus tard, après le changement d'équipage, ce sera l'occasion de travailler avec l'Américain Thomas Mashburn (2e vol), le Canadien Chris Hadfield (3e vol) et le Russe Roman Romanenko (2e vol). Oleg Novitski déclarera plus tard être heureux de cette collaboration internationale dans l'espace, en espérant que ce soit un frein important aux conflits entre les pays. Il envie même les États-Unis de disposer de chaînes de télévision « cosmiques » qui projettent 24 heures sur 24 des émissions liées à l'espace et les diffusions de l'ISS en direct! Selon lui, les États-Unis ont réussi à promouvoir et populariser l'astronautique d'une meilleure façon que la Russie.

Oleg Novitski revient de sa première mission le 16 mars 2013, après 143 jours et 16 heures passées en orbite, et une solide réputation. Kevin Ford dira plus tard à sa future collègue Peggy Whitson: « Tu verras, on peut compter sur lui. » En septembre 2013, sa ville natale ouvre en son honneur un musée de la cosmonautique dans une section de son école. Le cosmonaute offre plusieurs objets qu'il avait pensé à emporter avec lui à bord de l'ISS: un lot de drapeaux de la ville et de Biélorussie, mais aussi quelques icônes traditionnelles. En poursuivant l'entraînement, il espère retourner en orbite rapidement, après un premier vol exemplaire. Son souhait sera exaucé le 6 août 2015, lorsqu'il est désigné membre d'équipage de l'Expédition 50/51, cette fois en tant que commandant de la capsule Soyouz. Parti avec Peggy Whitson et Thomas Pesquet, il attend avec impatience les photos de ses deux filles (la dernière est née le 24 avril 2016), et emporte avec lui, « à l'ancienne », des lettres écrites par toute sa famille.

Peggy Annette Whitson

Née le 9 février 1960 à Mount Ayr (Iowa)
Chercheuse en biochimie et astronaute
Sélectionnée dans le groupe 16 de la NASA (1996)
418ᵉ sujet de l'espace depuis le 5 juin 2002
Trois vols spatiaux: Expéditions 5, 16 et 50/51/52
56 ans au moment du lancement de Proxima
(femme la plus âgée de l'histoire des vols habités)
Temps passé dans l'espace avant la mission Proxima:
376 jours 17 heures et 23 minutes
Nombre de sorties dans l'espace avant la mission Proxima:
7, soit 39 heures et 46 minutes.

L'histoire de Peggy Whitson est exceptionnelle. Élevée dans une ferme de l'Iowa près d'un hameau d'une quinzaine d'habitants, elle décide de devenir astronaute après avoir suivi les premiers pas sur la Lune, à l'âge de 9 ans, et vend des poulets 2 dollars pièce pour se payer son brevet de pilote. Elle s'accroche d'autant plus à son rêve que la NASA vient de recruter ses premières femmes astronautes lorsqu'elle sort de l'école en 1978. N'écoutant pas le conseiller qui pense qu'elle va faire la « bêtise de sa vie », la jeune femme se lance dans une licence de biochimie, puis quitte l'Iowa en 1981 pour l'université de Rice (Texas), où elle obtient son doctorat, à l'âge de 25 ans. Le poste de chercheur en biochimie qu'elle décroche ensuite au centre spatial Lyndon Johnson de Houston va immédiatement confirmer sa passion pour l'espace. En travaillant sur plusieurs expériences embarquée sur les navettes, elle va progressivement étendre sa spécialité, avant d'être nommée responsable des projets scientifiques sur le projet programme Shuttle-Mir. À ce titre, elle réalisera plusieurs échanges avec ses collègues russes de l'Académie des sciences.

« Pour chaque projet, il y avait des scientifiques d'ici et de Russie, se souvient-elle. Ça a été une très bonne expérience pour moi, parce que ça m'a donné l'occasion d'interagir en profondeur avec les Russes. Je pense que j'ai beaucoup appris des négociations pendant cette période. Dans la Phase 1A, tout n'était que quiproquo, alors il fallait négocier pour tout ce que nous voulions. C'était vraiment: "Je vous échange ceci pour cela." Définitivement, un grand moment d'apprentissage sur les relations et les compromis! [...] Le fait que j'ai pu avoir cette expérience avec les Russes, je pense que ça m'a servi. » Car, en 1996, Peggy Whitson se présente pour une sélection d'astronautes de la NASA. Depuis la fin des années 1970, les critères de sélection se sont assouplis, il ne s'agit plus pour rejoindre l'orbite d'être uniquement pilote d'essais, ou d'avoir intégré l'une des prestigieuses écoles de l'armée américaine. La chercheuse intègre le 16e groupe d'astronautes américains (les « Sardines »), aux côtés notamment des frères Kelly et du Français Philippe Perrin.

Elle commence l'entraînement de base pour devenir *mission specialist* de la navette (spécialiste de mission), mais aussi le parcours du combattant de plus de deux ans pour se former à tous les cas de figure dans une Station spatiale internationale encore en pleine construction. Après avoir été sélectionnée en tant que remplaçante pour l'Expédition 3, Peggy Whitson s'envole le 5 juin 2002 sur la navette Endeavour STS-111 (avec Philippe Perrin). Deux jours plus tard, le vaisseau s'accroche à l'ISS et la mission Expédition 5 commence. Elle durera 174 jours. Peggy y devient la première Américaine à réaliser une sortie en scaphandre russe Orlan.

Sa stature internationale, sa maîtrise technique et son calme la prédisposent à des fonctions plus élevées. De fait, en novembre 2003, la NASA la nomme adjointe du responsable du corps des astronautes. Un poste stratégique, qui influence directement l'affectation des astronautes aux différentes missions. Mais Peggy veut continuer de participer aux opérations. En juin 2003, elle commande la mission NEEMO-5 (NASA Extreme Environment Mission Operation), ces entraînements d'équipes à vingt mètres sous la surface de l'océan pour simuler l'isolement spatial et la vie en groupe de spécialistes. Puis elle démarre à nouveau l'entraînement ISS, désormais en tant que commandant de mission. Après avoir dirigé l'équipage de réserve de l'Expédition 14, elle embarque, cette fois à bord d'un Soyouz, pour un nouveau séjour orbital. Démarrée le 10 octobre 2007, l'Expédition 16 – le premier équipage ISS commandé par une femme – durera 191 jours, dont plus d'un mois en compagnie du Français Léopold Eyharts. La mission permet notamment la première rencontre entre deux femmes commandantes de bord, lorsque la navette Discovery, commandée par Pamela Melroy, vient s'amarrer à l'ISS, le 25 octobre 2007. Lors du voyage retour, la capsule Soyouz qui transporte Peggy Withson, le Russe Iouri Malentchenko et la Sud-Coréenne So-Yeon Yi passe au bord du drame: le module de service ne se sépare pas correctement, et la rentrée atmosphérique est effectuée en mode balistique. L'équipage subit des forces de plus de 8 G et l'atterrissage – suffisamment violent pour déplacer les cotes de la Sud-Coréenne – s'effectue à près de 400 kilomètres de la zone de récupération prévue! En effectuant cinq sorties lors de l'Expédition 16, Peggy Whitson a en tout cas décroché le record féminin du temps passé en EVA, qu'elle cède quelques années plus tard à sa compatriote Sunita Williams. Mais ses 376 jours cumulés dans l'espace restent un record féminin inégalé, qu'elle seule va porter à plus de 665 jours en 2017...

D'octobre 2009 à juillet 2012, Peggy Whitson devient responsable à part entière du prestigieux corps des astronautes américains... Mais, très engagée pour la science et désireuse de retourner sur l'ISS, elle quitte ses fonctions pour reprendre l'entraînement. Pas facile cependant de retrouver des attributions alors que la NASA dispose d'une très large sélection d'astronautes sans disposer de véhicules pour les envoyer sur la station... Peggy Whitson doit attendre le 9 février 2015 pour être affectée à l'Expédition 50/51, dont elle commandera la seconde partie. À la fin de l'Expédition 50/51, Peggy Whitson va, entre autres, détenir de nombreux records: astronaute américaine ayant passé le plus de temps en orbite terrestre (tous genres confondus); record féminin du temps cumulé en orbite terrestre; record féminin du nombre de sorties scaphandre EVA à son actif; record féminin du temps passé en sortie scaphandre EVA; seule femme ayant commandé deux fois l'ISS.

Enfin, Peggy est une personnalité à la fois dans la station (elle accepte avec le sourire le surnom de « maman » de ses camarades, car elle veille sur eux), mais aussi pour les scientifiques au sol. Il y a même une expression dédiée, le *Peggy Effect*, hérité de l'Expédition 16 quand, arrivée à bout de ses tâches quotidiennes, l'astronaute appelait la NASA pour demander des activités supplémentaires...

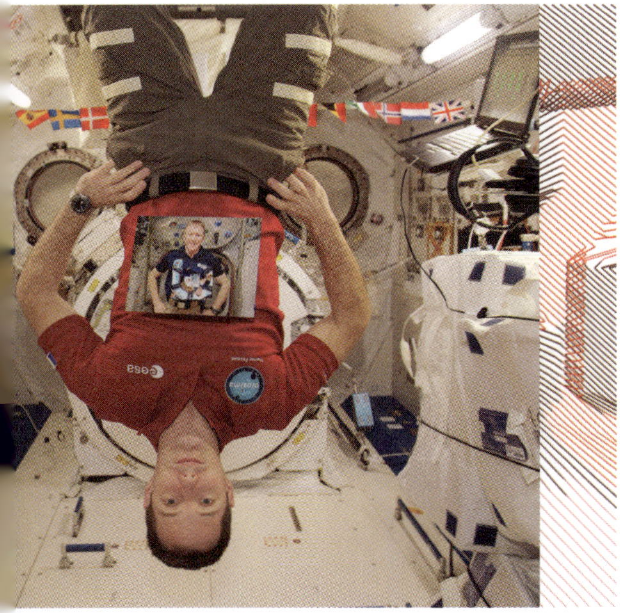

Thomas Pesquet

Né 27 février 1978 à Rouen

Ingénieur et pilote de ligne chez Air France

Sélectionné dans le troisième groupe d'astronautes de l'ESA (2009)

549e sujet de l'espace depuis le 17 novembre 2016

10e Français de l'espace

Un vol spatial: Expédition 50/51

L'astronaute français Thomas Pesquet fait perdurer la tradition établie avec ses amis de l'ESA: chacun montre une photo qui inclut le collègue précédent sur l'ISS, et toutes les inclusions successives.

À l'occasion de la mission Proxima, Thomas Pesquet est devenu un héros national en France, dépassant le million de « J'aime » sur sa page Facebook douze semaines après son décollage. L'explication de ce succès médiatique est double. D'une part, le jeune homme est brillant (il a notamment suivi une formation d'ingénieur aéronautique à SupAéro et parle aujourd'hui six langues), beau garçon et excellent communiquant. Dès sa sélection comme astronaute du troisième groupe de l'ESA en mai 2009, il a eu les honneurs de la plupart des journaux et magazines français, couru les plateaux de télévision, participé à d'innombrables émissions de radio et multiplié les interventions publiques. D'autre part, aucun Français n'avait participé à une mission spatiale habitée depuis Léopold Eyharts, à l'occasion de la mise en service du laboratoire Columbus, en février-mars 2008. Quant à un vol sur Soyouz, il faut remonter à la mission Andromède de Claudie

Haigneré en 2001. Mais, surtout, Thomas Pesquet est un astronaute 2.0. Né en 1978, il a grandi avec Internet, et est un adepte des réseaux sociaux, sur lesquels il partage son expérience avec enthousiasme et didactisme. Ceux qui l'ont découvert à l'occasion de son séjour sur l'ISS ont été impressionnés par sa simplicité et sa disponibilité ; ceux qui le suivent depuis le début de sa carrière d'astronaute (ses collègues, ses pairs, ses formateurs, ses supérieurs, les scientifiques ou les journalistes) restent tout autant subjugués par une telle constance.

« Astronaute, c'était évidemment un rêve que j'avais. Mais le genre de rêve qu'on a sans se dire qu'un jour on y arrivera, jusqu'à ce que j'apprenne que l'ESA cherchait des astronautes... et que je me rende compte que j'avais l'âge requis. Là, je n'ai pas hésité une seconde. » C'est ainsi que Thomas Pesquet, pilote de ligne chez Air France tout juste trentenaire, a déposé sa candidature sur le site ouvert par l'ESA entre le 19 mai et le 16 juin 2008. Il s'agissait alors de déposer un certificat médical aéronautique puis un questionnaire de quinze pages destiné à présenter (en anglais) son parcours et ses motivations. Passé le filtrage informatique, le jeune homme va participer avec succès aux étapes suivantes, qui s'étalent sur une dizaine de mois : évaluation des capacités d'apprentissage, tests de comportement, auditions lors d'entretiens individuels et examens médicaux approfondis.

Les six candidats finalement retenus pour constituer le troisième groupe d'astronautes européens sont avertis par téléphone le 19 mai 2009 au soir par Jean-Jacques Dordain, le directeur général de l'ESA de l'époque. Ils sont aussitôt jetés dans la fosse aux lions : la conférence de presse destinée à les présenter se tient dès le lendemain matin, au siège de l'agence à Paris. Thomas Pesquet, le régional de l'étape et le plus jeune membre de l'équipe, y connaît son premier succès médiatique.

La formation initiale (*basic training*) des six nouveaux astronautes démarre en septembre 2009. Pendant un an, elle se déroule entre Cologne, Houston, Moscou, et même la Sardaigne. Au programme : perfectionnement du russe, formation théorique sur les systèmes spatiaux, initiation aux premiers secours, stage de survie, préparation physique... Dès septembre 2010, l'Italien Luca Parmitano est le premier à décrocher son ticket pour l'espace. Il s'envole pour l'ISS en mai 2013, suivi un an plus tard par l'Allemand Alexander Gerst, puis par l'Italienne Samantha Christoforetti, la même année. Le changement de présidence au CNES (Jean-Yves Le Gall succède à Yannick d'Escatha en avril 2013) prive probablement l'astronaute français d'un soutien fort de son agence nationale, au moment des négociations pour une nouvelle mission ESA de longue durée sur l'ISS. En mai 2013, c'est le Britannique Tim Peake qui est retenu, en reconnaissance de l'investissement du Royaume-Uni dans les activités spatiales européennes, depuis notamment la création de son agence nationale, l'UKSA, en 2010. Enfin, lorsque le Danois Andreas Mogensen est affecté en août 2013 à la mission taxi IRISS, Thomas Pesquet est désigné comme doublure. Il suit ainsi la même préparation en parallèle, jusqu'au lancement du Soyouz TMA-18M, le 2 septembre 2015. Et la grande nouvelle arrive en mars 2014: Thomas Pesquet participera à une mission de six mois à bord de l'ISS, à partir de novembre 2016. Le futur dixième astronaute français (qui fêtera ses 39 ans sur orbite) intègre ainsi l'Expédition 50, aux côtés du Russe Oleg Novitski et de l'Américaine Peggy Whitson. « Honnêtement, c'est le meilleur équipage du monde », déclare Thomas Pesquet.

UN EUROPÉEN AVEC UN ACCENT FRANÇAIS

Non sans humour, Jan Woerner, le directeur général de l'Agence spatiale européenne, n'oublie jamais de rappeler que Thomas Pesquet, membre du corps des astronautes de l'ESA, est d'abord européen, avec un accent français. Avant le départ de la mission Proxima, il déclarait: « J'espère que le vol de Thomas Pesquet sera suivi avec autant d'intérêt dans les autres pays européens, comme ont pu l'être en France les missions de ses collègues danois et britannique, Andreas Mogensen et Tim Peake. »

THOMAS ÉTAIT FAIT POUR CE MÉTIER

« J'ai rencontré Thomas Pesquet pour la première fois lorsque j'étais membre du jury de l'étape dite psychologique de sa sélection d'astronaute. Contrairement aux deux étapes précédentes (analyse du dossier de candidature et tests psychotechniques), qui procédaient surtout par élimination (*select out*), nous cherchions à retenir les meilleurs des 200 candidats qui avaient atteint ce stade de la sélection (*select in*). Puis j'ai été nommé superviseur des six nouveaux astronautes de l'ESA pendant leur première année d'entraînement, en 2009-2010. Cela m'a donné entre autres l'occasion de les rejoindre en Sardaigne pendant leur stage de survie.

Les tests psychotechniques de Thomas (équivalents aux tests de quotient intellectuel) ont révélé une excellente performance cognitive et psychomotrice: il comprend et apprend beaucoup plus vite que la moyenne. Lors du test de dynamique de groupe, il s'est monté à l'aise et actif, et a fait preuve d'une très bonne

Séance d'entraînement dans une maquette de la station, à Houston. L'équipage doit savoir se retrouver au milieu d'une importante documentation.

intelligence émotionnelle: il est à la fois capable de faire entendre son analyse d'un problème, de proposer des pistes à suivre et d'écouter les autres. Lors de l'entretien individuel, devant un jury composé de quatre personnes (deux psychologues, un responsable des ressources humaines de l'ESA et un astronaute), il a fait preuve d'une grande aisance, même devant les questions pièges, démontrant (déjà) un talent de communicant évident.

J'avais imaginé pour lui un scénario de sortie dans l'espace dans lequel une fuite de son scaphandre le plaçait devant un dilemme: soit retourner vers le sas et garantir sa survie, soit aller aider son collègue empêtré dans des câbles à l'extrémité de la poutre de l'ISS, au risque de ne plus avoir assez d'oxygène pour rejoindre le sas au final. Il n'y a pas nécessairement de meilleure réponse à ce dilemme, mais ce qui était important pour le jury était d'observer le raisonnement et l'efficacité et de la décision. Thomas, qui a évidemment choisi d'aider son camarade, s'en est très bien sorti. On a aussitôt compris qu'il ferait partie des 50 finalistes, tous considérés comme étant totalement faits pour ce métier, avant l'expertise médicale très poussée sur une semaine. [...]

Aujourd'hui, Thomas est peut-être le plus jeune des astronautes de l'ESA, mais il est certainement celui qui aura atteint le plus haut niveau de préparation avant son premier vol. Il a continuellement démontré son aptitude à être excellent à la fois dans son entraînement et dans sa communication auprès du grand public, grâce aux réseaux sociaux et médias divers. »

Jean-François Clervoy

THOMAS PESQUET, SUJET DE L'ESPACE N° 549... OU 552

À l'occasion du lancement de la mission Proxima, Thomas Pesquet, seul « bleu » de l'équipage, est devenu le 549e sujet de l'espace. À moins qu'il ne s'agisse du 552e...

Pourquoi cette différence? Parce que la composition de la liste des voyageurs du cosmos diffère, selon que l'on prend en compte le seul fait de dépasser la mésosphère (zone de transition entre la Terre et l'espace), à 80 kilomètres d'altitude, ou que l'on retient exclusivement les vols orbitaux (c'est-à-dire comprenant au moins une révolution complète autour du globe), comme le fait la Fédération aéronautique internationale (FAI). Ainsi, cette dernière ne prend-elle pas en compte trois pilotes américains, qui ont franchi les portes de l'espace à bord d'un avion-fusée X-15 (en 1963) ou du SpaceShipOne (en 2004): Joseph Walker, Mike Melvill et Brian Binnie.

En considérant uniquement les vols orbitaux habités réussis par l'URSS puis la Russie, les États-Unis et la Chine, on arrive à 305 missions en 56 ans, réalisées entre le 12 avril 1961 et le 12 avril 2017. Cela représente 549 personnes différentes (dont 60 femmes), un astronaute effectuant en moyenne 2,2 vols lors de sa carrière, et 37 nationalités différentes – avec respectivement 336 et 122 sujets de l'espace, les États-Unis et la Russie restent largement majoritaires, avec 83 % des effectifs.

Seuls 24 Américains ont atteint l'orbite lunaire, entre 1968 et 1972, et 12 d'entre eux ont pu fouler le sol sélène. Huit « touristes » ont déjà effectué un séjour à bord de la station Mir ou de la Station spatiale internationale, l'un d'entre eux s'offrant même le luxe d'un second vol, deux ans après le premier.

Enfin, remarquons que la génération actuelle d'astronautes comprend trois enfants… d'astronautes: les Russes Roman Romanenko (fils de Iouri) et Sergueï Volkov (fils d'Alexandre), et le touriste américain Richard Garriott (fils d'Owen).

La Mission Proxima

La capsule Soyouz MS-03 a décollé le 17 novembre 2016 à 20h20 UTC (2h20 le lendemain, heure locale). Au sein du petit vaisseau, passé les premières heures d'émerveillement, les trois membres d'équipage ont principalement dû prendre leur mal en patience: ils n'ont pu aborder la Station spatiale internationale qu'au bout de quarante-huit heures de vol, leur vaisseau de nouvelle génération, en phase de tests, n'étant pas encore autorisé à effectuer le trajet « direct », en seulement six heures.

Comme toutes les expéditions ou missions de longue durée ISS, Oleg, Peggy et Thomas devaient rester en orbite six mois. Au démarrage de leur mission, il était question d'un retour le 15 mai 2017, mais cette date a été reportée au 2 juin (pour Oleg et Thomas), après notamment la perte en vol d'un vaisseau ravitailleur en décembre 2016. Au sein de la grande station orbitale, les trois premiers membres de l'Expédition 50 les attendent: les Russes Andreï Borissenko et Sergueï Ryzhikov, ainsi que le cinquantième commandant de la station, l'Américain Shane Kimbrough. Ces derniers, arrivés sur l'ISS le 21 octobre précédent à bord du Soyouz MS-02, ont été remplacés au mois d'avril suivant par un équipage de deux astronautes seulement: le Russe Fiodor Iourtchikhine et l'Américain Jack Fisher. Comme il manque toujours un module russe à la station, la Russie a en effet décidé en 2017 de réduire ses équipages à deux participants permanents au lieu de trois. À l'occasion de cette relève d'équipage, Oleg, Peggy et Thomas ont troqué leur emblème de l'Expédition 50 avec celui de l'Expédition 51. Et Peggy, qui a pris le commandement de la station, a appris qu'elle pourrait rester à bord jusqu'au début du mois de septembre !

Il y a donc les Expéditions 50 à 52, et il y a la mission Proxima. Sous ce nom choisi par l'ESA et le CNES se cache la mission de Thomas Pesquet tout au long de son séjour à bord de l'ISS. Durant six mois, le Français doit mener entre cent cinquante et deux cents expériences scientifiques dans les différents laboratoires de la station, pour le compte des différents partenaires internationaux du programme. Pour l'Agence spatiale européenne, cela représente cinquante-cinq expériences, dont une vingtaine développées par des laboratoires et industriels français, sous l'égide du CNES et en particulier du CADMOS (Centre d'aide au développement des activités en micropesanteur et des opérations spatiales), à Toulouse – citons le CEA-Leti, le CNRS, l'ENS Paris, l'ENS Lyon, l'INSERM et le MEDES pour les scientifiques, ADS, bioMérieux ou Saint-Gobain pour les grands groupes industriels, EREMS pour les PME ou Bodycap et Citizen Sciences pour les start-up. Cinq grandes thématiques sont abordées: la physiologie humaine, l'environnement spatial, la physique des fluides, la physique fondamentale et l'éducation. Des domaines de recherche assez récurrents dans l'histoire des vols spatiaux habités français et européens, mais qui profitent à chaque fois de moyens d'investigation plus performants, avec des matériels innovants. Certains de ces matériels font partie de la station depuis des années et servent pour des mesures de long terme, d'autres ont été livrés par vaisseaux-cargos avant même l'équipage ou au cours de la mission Proxima.

L'entraînement

Réaliser une mission sur l'ISS nécessite un entraînement intense, divisé en étapes distinctes qui peuvent changer d'un rôle à l'autre. Thomas Pesquet, en tant qu'astronaute européen et « novice » des missions en orbite, n'a pas les mêmes prérogatives que Peggy Whitson, qui va commander la station. Leur entraînement est différent. De la même façon, la répartition des rôles au sein de la petite capsule Soyouz est différente selon les sièges : Oleg Novitski passe une formation spécifique pour commander le vaisseau et le piloter, mais ses coéquipiers n'ont pas non plus les mêmes tâches selon qu'ils sont assis à gauche ou à droite. De Soyouz MS-03 à l'ISS, du maniement des scaphandres américains jusqu'aux combinaisons russes sur mesure, de Houston à Tokyo, Cologne, Toulouse et Baïkonour, les mois d'entraînement défilent rapidement entre la préparation initiale, la désignation des équipages et le vrombissement des moteurs après le compte à rebours final.

Un an avant son départ, Thomas Pesquet (qui s'était, entre autres, préparé pour être la doublure du Danois Andreas Mogensen, en 2015) avait tenté d'évaluer son état d'avancement et celui de ses équipiers. Il a estimé qu'ils parlaient suffisamment bien l'anglais et le russe pour mener à bien leur mission, qu'ils étaient prêts physiquement à 90 %, et qu'ils bénéficiaient d'une expérience opérationnelle suffisante. Ainsi, ils maîtrisaient les systèmes de la station à 80 %, le pilotage du Soyouz à 75 % (grâce à des centaines d'heures passées en simulateur), la survie en milieu hostile à 75 %, les procédures d'urgence à 50 %, les sorties véhiculaires à 40 % (y compris celles qui concernent les interventions d'urgence, déclenchées à la suite de douze pannes possibles), les manipulations robotiques à 60 % (essentiellement préparées à Cologne) et le programme scientifique (qui occupera environ la moitié du séjour) à 25 %.

La dernière année de préparation s'est ainsi concentrée sur la connaissance et la manipulation des expériences scientifiques, à l'occasion de nombreux déplacements à travers le monde. Les sorties en scaphandre, généralement planifiées environ six mois avant le départ des équipages, ont également été répétées lors d'éprouvantes séances dans la piscine géante de la NASA. Et les dernières semaines ont constitué un véritable « sprint final », se terminant en Russie par neuf examens au total, obligatoires !

La préparation d'une mission de six mois est déjà une expérience internationale intense, durant laquelle les astronautes doivent lutter contre… le jetlag. Pour Thomas Pesquet, outre la base des astronautes européens à Cologne (Allemagne), il s'agit de se rendre régulièrement au centre de contrôle du module européen Colombus, à Oberpfaffenhofen (Allemagne), au centre de recherche européen ESTEC, à Noordwijk (Pays-Bas), au CNES à

Toulouse, mais aussi au siège de l'ESA à Paris. En dehors de l'Europe, la formation inclut plusieurs mois d'entraînement à Moscou et aux États-Unis (essentiellement à Houston, au Texas, et parfois dans les centres de recherche en Alabama, en Californie, en Ohio ou en Virginie), ainsi que des stages chez les partenaires de l'ISS pour l'entraînement au maniement d'équipements spécifiques (bras robotique à Saint-Hubert, au Québec, et module Kibo à Tsukuba, au Japon).

LA CITÉ DES ÉTOILES

« La Cité des étoiles est un établissement militaire russe, situé à environ 40 kilomètres à l'est de Moscou. Créée au début des années 1960, elle a préparé le premier homme à rejoindre l'orbite terrestre, Iouri Gagarine, qui en est toujours le symbole. Petit "village", au milieu de la forêt, elle abrite les moyens techniques pour l'entraînement des cosmonautes, ainsi que les logements et les commerces permettant la vie des différents spécialistes et des équipages. Autrefois lieu secret et protégé du régime soviétique, la Cité est devenue un carrefour de cultures, abritant Russes, Européens, Américains et autres résidents internationaux venus préparer les vols vers Mir au cours des années 1990, puis ceux vers l'ISS aujourd'hui.

La mission du Centre d'entraînement des cosmonautes (CPK) proprement dit est exclusivement de préparer les équipages aux vols spatiaux. Le CPK est une zone fermée dans l'enceinte de la Cité, où sont rassemblés les moyens d'entraînement : salles de classe, simulateurs, salles de sport, moyens médicaux, centrifugeuses et autres bâtiments administratifs.

On y circule généralement à pied dans un environnement forestier agréable, rythmé par les longs hivers russes, des printemps et automnes humides et des étés généralement courts. En peu de temps, on apprend à connaître tout le monde et on y est reconnu, comme dans une petite ville.

Les entraînements durent en général dix-huit mois et couvrent le vaisseau de transport Soyouz, qui restera encore longtemps en service, ainsi que le "segment" russe de la Station spatiale internationale.

Le principal obstacle? La langue bien sûr. L'entraînement et les vols demandent une bonne connaissance de la langue russe qui, au même titre que l'anglais, est une langue officielle de la station. Même si de plus en plus de Russes parlent l'anglais, parler le russe est une nécessité pour vivre et travailler à la Cité des étoiles et également la clé pour s'intégrer à cet environnement culturel riche. De nombreuses heures de cours seront donc nécessaires avant d'aborder l'entraînement technique proprement dit. Malgré cela, l'étude de la langue restera un effort permanent.

Après avoir suivi deux entraînements à la Cité des étoiles entre 1995 et 1998, l'un en tant que cosmonaute remplaçant (ou "doublure ") pour la mission

Vue du Soudar

Cassiopée, l'autre en tant que titulaire de la mission Pégase, je reste admiratif de l'expertise et du professionnalisme des spécialistes russes. Sans aucun doute, l'expérience accumulée pendant quarante ans, ainsi que la cohérence technique des vaisseaux et stations russes – qui ont progressivement évolué dans les trois dernières décennies – contribuent à la grande efficacité de la préparation.

Par ailleurs, trois années passées à la Cité dans une période où la société russe était en pleine évolution ont constitué une expérience personnelle vivante et chaleureuse. Inoubliable. »

Léopold Eyharts

Situé à une trentaine de kilomètres du centre de la ville de Houston (Texas), le centre spatial Johnson (JSC) de la NASA fait partie de la grande histoire des vols spatiaux habités, assurant l'entraînement des astronautes américains depuis les débuts de la conquête spatiale, en passant par le programme Apollo, la navette spatiale et l'ISS. Il abrite non seulement les moyens d'entraînement des astronautes, mais aussi différents départements et installations de la NASA impliqués dans la recherche et le développement au profit des activités spatiales. Tout autour du centre, de nombreuses entreprises privées participant aux différents programmes ont également leurs propres installations, et l'activité continue d'attirer sociétés et partenaires industriels.

Dunes en Arabie saoudite.

LE CENTRE JOHNSON À HOUSTON

« Houston, c'est une grande ville américaine typique: tentaculaire, étendue sur plusieurs dizaines de kilomètres, zébrée d'autoroutes qui s'empilent lorsqu'elles se croisent. Ici, pas question de marcher bien sûr, à moins d'avoir quelques heures devant soi. L'été y est torride et humide et l'hiver agréablement doux.

J'ai rejoint le Centre spatial américain peu de temps après mon retour de Moscou en 1998, immédiatement après mon recrutement par l'Agence spatiale européenne. Avec trois collègues européens (l'Allemand Hans Schlegel et les Italiens Paolo Nespoli et Roberto Vittori), nous avons rallié la promotion 98 d'astronautes américains en tant que spécialistes de mission – ingénieurs de bord, en quelque sorte – affectés à la fois aux programmes navette et ISS.

Alors qu'à Moscou les cours sont dispensés presque en tête à tête, à trois ou quatre cosmonautes maximum, à Houston on se retrouve d'abord au milieu de plus de trente nouveaux astronautes américains, sans traitement spécial sur le plan linguistique. Une immersion totale en quelque sorte, qui n'est pas sans requérir pas mal d'efforts d'adaptation, même si la langue anglaise n'est pas une découverte pour nous.

En dehors de la "promo", plus d'une centaine d'astronautes sont déjà là, en entraînement pour un vol spatial ou travaillant activement avec les ingénieurs pour le développement de la nouvelle station, la modernisation de la navette ou le support des vols en cours.

Les premiers dix-huit mois sont consacrés à l'entraînement de base navette et station, puis l'on commence à notre tour à travailler avec les ingénieurs des programmes, en attendant une affectation à un vol.

C'est là que se situe pour nous la différence principale avec l'entraînement à Moscou: l'affectation à un vol spatial n'est pas définie avant le départ et l'attente peut parfois être assez longue.

Néanmoins, la somme de connaissances techniques et pratiques nécessaires pour préparer à la fois des vols navette et station explique également une préparation plus longue: systèmes de bord, robotique, sorties extravéhiculaires, opérations de rendez-vous en orbite, expériences scientifiques sont au programme. Tout cela devient intensif et quotidien lorsque l'on est affecté à une mission concrète. »

Léopold Eyharts

4. L'ISS, UN LABORATOIRE PERMANENT

Depuis la fin de l'assemblage principal, la Station spatiale internationale est un laboratoire de premier plan, avec en permanence plusieurs dizaines d'expérimentations en cours. Il y a naturellement un volet médical important, afin de mieux comprendre à la fois les mécanismes du corps sur des vols orbitaux de longue durée, mais aussi pour mieux comprendre certains processus. Lors de l'Expédition 50, l'Américaine Peggy Whitson réalise un volet important de recherche sur les cellules-souches, tandis que son collègue et compatriote Shane Kimbrough a fait porter ses travaux sur le cerveau. Thomas Pesquet, dans le même temps, réalise plusieurs expériences européennes pour étudier la mitigation des atrophies musculaires...

Depuis 2016, la biologie se mêle à l'agriculture au sein de la station, puisque après plusieurs années d'essais, les astronautes sont autorisés à manger la salade produite dans le compartiment Veggie... Mais la moitié de la récolte seulement, le reste étant congelé puis renvoyé sur la Terre pour être étudié. Des graines identiques sont en effet plantées dans un laboratoire de recherche aux États-Unis, et en pleine terre dans le jardin... de la Maison-Blanche! Les scientifiques étudient ensuite l'évolution des pousses pour comparer leurs caractéristiques. Et, entre-temps, les occupants de la station peuvent dévorer leur seul légume frais régulier. Bonus, il a même été démontré que faire pousser et récolter des plantes avait une influence psychologique décisive.

L'ISS est une plateforme multithématique. Sciences de la vie et de la matière, physique fondamentale, étude des fluides, fours à haute température pour étudier la fusion des métaux, observation des plasmas, les domaines couvrent tout le spectre scientifique et technique, en disposant d'outils de pointe. La station dispose également de la seule imprimante 3D capable de réaliser des modèles complexes en zéro gravité, et continue de tester l'impression d'outils à partir de la machine. Grâce aux larges hublots et à des caméras installées à l'extérieur, l'observation de la Terre fait naturellement partie des sujets, et les capteurs varient de la simple vidéo à la mesure laser de l'épaisseur des nuages. Plusieurs expériences sont aussi centrées sur l'observation de l'Univers et l'astrophysique. Enfin, l'ISS est devenue un support à la création et à la formation technologique des éléments de l'exploration spatiale de demain. Nouveaux matériaux et alliages, nouveaux moyens de propulsion, les essais peuvent être menés parfois sans même échanger du matériel : l'expérience Sphères permet par exemple aux laboratoires d'envoyer leur code informatique pour tester des programmes d'approche de satellites.

LE CADMOS, BASE ARRIÈRE DE THOMAS PESQUET

21 expériences françaises et européennes devaient être menées par l'astronaute français durant son séjour à bord de la Station spatiale internationale. Elles bénéficient du soutien opérationnel du CADMOS (Centre d'aide au développement des activités en micropesanteur et des opérations spatiales), installé depuis 1993 au sein du Centre spatial de Toulouse du CNES.

Le CADMOS a pour mission de préparer, organiser et assurer le suivi d'expériences réalisées en micropesanteur, lors de différentes missions habitées (essentiellement sur l'ISS), de vols paraboliques à bord de l'Airbus A310 ZERO G de Novespace, voire de capsules automatiques. Pour ce faire, il dispose d'une salle de contrôle (d'une surface de 100 m^2), de trois laboratoires (physiologie, biologie et sciences de la matière) et d'une salle blanche dédiée à la préparation des kits d'expérience.

Depuis 1998, le CADMOS compte parmi les neuf centres au sol retenus par l'Agence spatiale européenne (les USOC – User Support and Operation Centres) pour aider les utilisateurs à exploiter les équipements de l'ISS et adapter leurs matériels aux contraintes liées à l'environnement spatial en Europe. Il assure notamment la gestion de l'équipement de physiologie EPM (European Physiology Module) du laboratoire européen Columbus, en service depuis février 2008. Au niveau international, le CADMOS est également impliqué dans plusieurs coopérations multilatérales, en particulier avec la Russie et les États-Unis, à l'image du mini-laboratoire Declic consacré à la physique des fluides, développé avec la NASA.

Dans le cadre de la mission Proxima, le CADMOS s'est vu confier le suivi de 21 des 55 expériences européennes. Ainsi, lorsque Thomas Pesquet doit mener l'une d'entre elles, les experts se retrouvent à Toulouse pour assister l'astronaute en direct et recueillir les premiers résultats.

Déploiement de l'expérience Energy.

COMMENT LES ASTRONAUTES PEUVENT-ILS GÉRER AUTANT D'EXPÉRIENCES?

Astrophysique, biologie, médecine, mécanique, chimie des matériaux, voici autant de domaines sur lesquels un astronaute peut intervenir… en une seule journée! Cela requiert en entraînement qui prend aujourd'hui entre 18 mois (pour les plus expérimentés) et 24 mois, au cours desquels les astronautes se déplacent toutes les deux ou trois semaines entre Houston, Cologne, la Cité des étoiles, le Canada et le Japon. Peggy Whitson, qui avait déjà cumulé plus d'un an en orbite au départ de l'Expédition 50, nous guide dans cette formation: « Le challenge le plus important avec de longues périodes d'apprentissage, c'est que vous finissez par ne plus retenir les choses. Nous avons plusieurs membres d'équipages qui se sont déjà plaints: "Je n'ai jamais eu la formation là-dessus", et les responsables vont dire: "Si, vous l'avez eue": il y a un juste milieu à trouver entre l'extraordinaire volume d'informations que vous recevez, et la manière dont vous retenez l'information. [...] Une grande partie de l'amélioration de l'apprentissage inclut ce que nous appelons l'entraînement "juste à temps". Cela implique de petits clips vidéo pour vous rafraîchir la mémoire et vous

Thomas Pesquet manipulant le four japonais ELF.

rappeler: "C'était cette partie de la procédure qui était difficile. Souviens-toi de faire ça dans cet ordre en particulier." Et c'est suivi de la procédure écrite, mais il y a toujours ces petites vidéos juste avant, et pour nous c'est vraiment important, on se dit: "Oh, Ok, je m'en souviens." Ça nous aide à nous entraîner de manière beaucoup plus efficace, mais aussi à être plus efficients une fois en orbite. À faire moins d'erreurs parce qu'on oublie, parfois. Il y a eu beaucoup de changements dans l'entraînement depuis que j'ai démarré pour ma première mission Expédition 5. Il y avait plus de théorie, beaucoup plus de fond. Maintenant, nous sommes terre à terre :" Voici ce que vous avez besoin de savoir pour opérer à la Station spatiale. Voici les tâches que vous allez devoir accomplir." Mais tout ça s'est fait progressivement. Il y a des informations théoriques dont vous avez besoin, et d'autres qui sont seulement nécessaires dans certaines situations. »

AQUAPAD: DÉTERMINER PLUS FACILEMENT LA POTABILITÉ DE L'EAU

L'une des expériences françaises menées par Thomas Pesquet depuis le début de son séjour à bord de la Station spatiale internationale vise à améliorer la rapidité et l'efficacité des analyses de qualité de l'eau à bord.

L'eau consommée par les équipages de l'ISS pour se laver, boire et manger provient à 80 % des eaux usées: les urines et les eaux de condensation issue de la respiration et de la transpiration, qui ont été récupérées et filtrées. Ces eaux usées peuvent être recyclées cinq fois de suite, et l'évaluation de leur qualité constitue un enjeu constant des vols habités. L'expérience Aquapad vise à améliorer la rapidité et l'efficacité des analyses de biocontamination de l'eau.

Malgré la prouesse technique, il faut un fonctionnement simple. Aquapad a été pensé pour de telles utilisations: un coton absorbant sur lequel est injecté 1 ml d'eau. Si cette eau comporte des bactéries, des points de couleur apparaissent sur le coton. Leur photographie avec l'application mobile EveryWear permet ensuite de calculer automatiquement le nombre de colonies présentes, et d'obtenir une quantification précise et sans équivoque.

Au-delà de l'application propre à l'ISS, l'analyse simple et rapide de l'eau que permet Aquapad pourrait avoir des applications terrestres de large portée, en facilitant l'accès à l'eau potable dans des pays où cette question se pose au quotidien. Le dispositif pourrait également servir à diagnostiquer l'état de l'eau après des catastrophes naturelles.

ECHO, L'ÉCHOGRAPHIE TERRE-ESPACE

Au sein de la cargaison du cargo HTV-6 (arrivé sur l'ISS en décembre 2016) se trouvait notamment une autre expérience française majeure, Echo, qui s'inscrit dans la lignée des expériences de physiologie cardiovasculaire mises en place par le CNES depuis la mission PVH de Jean-Loup Chrétien en 1982. Développé sous la houlette du CNES en partenariat avec le CHU de Tours, l'Agence spatiale canadienne et plusieurs fabricants de matériel médical, Echo est un nouveau modèle d'échographe miniature (48 centimètres de côté et 21 centimètres de hauteur, pour un poids de 10 kilos), désormais télé-opérable à distance. Il permet aux médecins de contrôler, depuis le sol (en l'occurrence, le CADMOS à Toulouse), les mouvements les plus fins de la sonde, et de recevoir en retour une image de haute qualité. Du côté de l'astronaute, de simples connaissances en anatomie sont nécessaires pour placer la sonde sur la zone à explorer. Sur terre, un tel équipement trouvera toute son utilité dans le domaine de la télémédecine et la gestion médicale des régions isolées (zones rurales des pays développés ou pays en voie de développement): il suffira d'un assistant sur place, capable d'accompagner le patient et de gérer l'interface avec le système et l'expert.

SAGE III, 42 ANS APRÈS APOLLO-SOYOUZ

Livrée à bord de la Station spatiale internationale par le vaisseau Dragon CRS 10 en février 2017 (après... 12 ans d'attente), l'expérience Sage III ISS de la NASA s'inscrit dans la lignée d'observatoires atmosphériques développés depuis le vol Apollo-Soyouz. À bord de la cabine Apollo, en effet, avait été embarqué l'instrument SAM (Stratospheric Aerosol Measurement), destiné à observer les propriétés des rayons traversant les couches de l'atmosphère terrestre. Des mesures des aérosols atmosphériques avaient déjà été effectuées, à l'aide de ballons-sondes, mais jamais depuis l'espace.

L'expérience, épaisse comme un gros coffret de DVD, fut menée le 22 juillet 1975 par Deke Slayton, qui pointa manuellement le Soleil aux levers et aux couchers du « jour » (espacés de 45 minutes), durant quatre orbites. SAM démontra que la technique d'occultation solaire depuis la position orbitale permettait une bonne observation scientifique de la stratosphère (située entre 16 et 50 kilomètres d'altitude) et de ses phénomènes.

Trois instruments furent ensuite construits et lancés, utilisant la même technique: SAM II en 1978, Sage I en 1979, Sage II en 1984 et Sage III Meteor-3M en 2001.

42 ans après SAM, le spectromètre Sage III (Stratospheric Aerosol and Gas Experiment), d'une masse de 76 kilos, a été installé sur la poutre de l'ISS. La mission consiste à surveiller, cinq ans durant, la distribution verticale des aérosols, de l'ozone et d'autres traces de gaz dans la stratosphère et la troposphère de notre planète. Il s'agit également de fournir des mesures globales de la température dans la stratosphère, signalant des traces de gaz comme la vapeur d'eau et le dioxyde d'azote, éléments clés pour étudier l'atmosphère et les changements climatiques.

Thomas Pesqu lors de sa première sortie E le 12 janvier 20 Il se tient devc le sas américa Quest.

Les expériences mises en œuvre à bord de l'ISS sont au préalable étudiées et sélectionnées par un groupe international, composé des principales agences spatiales, puis dirigées vers la structure adéquate pour leur préparation. La communauté scientifique est aidée par des centres USOC (comme le CADMOS) pour préparer les expériences qui devront être réalisées sur des instruments dont ils ont la responsabilité. Globalement, les missions des agences de par le monde sont identiques: contribuer à la sélection des expériences et évaluer leur faisabilité, aider à la conception et au développement des instruments, à la rédaction des procédures pour l'entraînement des astronautes, des préparateurs de mission, et l'exécution des tâches finales, entraîner les équipages à réaliser les expériences, faire en sorte que l'expérience soit conditionnée et livrée à temps, aider à la transmission des données entre l'ISS et les laboratoires avant, pendant et après le vol.

Les centres comme le CADMOS sont, au cours du vol de l'expérience, les points de ralliement des équipes scientifiques. En effet, ce ne sont pas les laboratoires directement qui sont en relation avec l'ISS, mais bien les centres des agences nationales qui font office de relais. En cas de problème, les spécialistes techniques et scientifiques, qui suivent le bon déroulement des expériences depuis le CADMOS peuvent intervenir à tout moment. De plus, ces centres sont reliés via les flux de données de l'ISS aux capteurs directement placés à l'intérieur

de la station, peuvent les télécommander et récupérer directement les données grâce au réseau, évitant ainsi le besoin de stockage des données numériques.

UNE JOURNÉE DE TRAVAIL TYPE

Les astronautes se lèvent généralement à 6h30 le matin (heure de la station) et se couchent vers 21h30, avec une journée de travail qui débute à 8 heures. Elle dure entre 8h30 et 10 heures, avec une pause d'une heure pour le déjeuner. « Cela fait des journées bien chargées, reconnaît l'astronaute français Léopold Eyharts, mais on ne voit pas vraiment le temps passer. En fait, c'est beaucoup plus long pour les familles restées au sol… » Les week-ends sont généralement beaucoup plus calmes, afin de permettre aux équipages de se reposer.

L'EVA-39 DU 13 JANVIER 2017

« Croyez-le ou non, quand j'ai vu il y a quelques semaines qu'une sortie extravéhiculaire était prévue à mon agenda ce jour-là, je n'ai pas sauté de joie. Je suis rationnel et je sais que nos emplois du temps peuvent changer. Pour preuve, mon décollage pour la Station spatiale internationale a été décalé au moins cinq fois ! Mais les jours sont passés et la date n'a pas bougé. Petit à petit, j'ai réalisé que j'allais vraiment sortir en scaphandre dans l'espace. Le rêve de tout astronaute. Un rêve, parce qu'il n'est pas accessible à tout le monde. Outre la formation

à suivre sur terre, il faut avoir quelques prédispositions physiques. Se déplacer en scaphandre dans l'espace, c'est comme faire de l'escalade en armure. Cette combinaison pèse près de 200 kilos. Serrer son poing, c'est comme essayer d'écraser une balle de tennis. Si l'on n'est pas musclé, surtout dans le haut du corps, c'est compliqué.

Il ne faut pas être claustrophobe non plus. Je me souviens lorsque j'ai enfilé pour la première fois ce harnachement, j'avais l'impression d'être enfermé dans une miniboîte avec juste une toute petite fenêtre pour voir à l'extérieur. Et puis, les sorties sont très rares. Il est arrivé que des astronautes qui avaient pourtant les capacités de le faire n'aient jamais l'occasion d'enfiler un scaphandre ! Ce type d'opération prend du temps et reste difficile à organiser. Quand on sort, c'est pour une bonne raison. Et même si j'ai eu cette chance, je ne perds pas de vue que je ne suis pas là pour réaliser mes fantasmes, je suis sorti pour réaliser le boulot qu'il y a à faire.

Ce matin-là, je me suis réveillé en forme. J'avais hâte de franchir le sas d'entrée de l'ISS malgré quelques craintes. Le scaphandre est une machine très sophistiquée qui nous protège, mais des bugs peuvent arriver. En 2013, lors d'une sortie, de l'eau a commencé à s'infiltrer dans le casque de mon collègue et ami italien Luca Parmitano. Il a dû rentrer d'urgence dans l'ISS pour éviter la noyade.

Il y a une autre chose à laquelle il faut faire très attention. Une sortie extravéhiculaire, c'est souvent pour des opérations de maintenance ou pour installer des machines autour de la station. On se balade donc avec un tas d'outils qu'il faut utiliser

Les pieds dans le vide ! Les astronautes qui sont systématiquement reliés par plusieurs « lignes de vie » à la station, font entre trois et quatre fois le tour de la Terre au cours d'une sortie.

avec délicatesse. Car si on en lâche un dans l'espace, cela peut devenir très problématique. Selon sa trajectoire et sa vitesse, l'objet peut entrer en orbite et en collision avec l'ISS. C'était ma plus grande préoccupation. Mais je n'y ai pas pensé longtemps. Je me suis entraîné pour ça et je savais que j'étais prêt. Et que je serais avec mon collègue américain Shane Kimbrough, qui, lui, n'en est pas à sa première sortie.

Nous nous sommes levés à 6 heures du matin pour nous préparer. Il a fallu près de cinq heures pour enfiler notre combinaison, vérifier les derniers réglages. Puis, vers 13 heures, nous avons franchi la porte du fameux sas ! Mes premières sensations étaient exceptionnelles. Curieusement, je n'ai ressenti aucun stress. Au contraire, j'étais très serein. Être à l'intérieur de cette combinaison m'a rappelé les entraînements sur terre, quelque chose de très familier. Je me sens bien dans ce cocon que je connais par cœur. Et puis, d'un coup, j'ai eu très chaud. On ne s'en rend pas compte grâce à l'air conditionné de l'ISS, mais le soleil tape très fort dans l'espace. Ce n'est pas étouffant, mais ça surprend quand même.

Pendant quelques minutes, en attendant Shane, j'ai eu l'occasion de regarder autour de moi, de prendre quelques photos. Quelle extraordinaire sensation de se sentir si petit face à l'immensité de l'espace ! Sous mes pieds, la Terre, les continents, les mers, les nuages… Tout a l'air minuscule. Au bout de dix minutes, il a fallu se mettre au travail. Le temps est passé tellement vite ! J'ai eu l'impression de sortir pendant trente minutes alors que nous sommes restés six heures à l'extérieur de la station. Comme dans toutes les expériences exceptionnelles, les sens sont tellement en ébullition que la mémoire a du mal à tout imprimer. Mais très vite, après du repos, tout revient. »

Thomas Pesquet

Depuis la fin de l'assemblage de l'ISS, les EVA se succédaient avec un rythme moins élevé. Toutefois, comme la NASA et les partenaires non russes vont faire appel à des partenaires privés pour des vaisseaux habités, la station doit être reconfigurée. Avec les extensions de la durée de vie jusqu'à 2024 au moins, il y a aussi plusieurs composants majeurs à remplacer, comme les batteries que Thomas Pesquet a pu changer avec l'Américain Shane Kimbrough lors de son « baptême du vide », le 13 janvier 2017 (EVA-39). Après une première mission à l'extérieur menée par ses collègues une semaine auparavant, le Français avait à cœur de bien faire face à leur expérience : les sept sorties EVA de Peggy Whitson qui l'aide à préparer son scaphandre, et l'expertise calme de Shane Kimbrough tout au long de la mission.

Heureusement, comme un trait de surlignage sur les sept ans de préparation du Français à sa première mission, ses entraînements en piscine à Houston et les longues heures d'apprentissage, les deux astronautes prennent de l'avance et réalisent un sans-faute.

À l'approche des cinq heures de sortie, Thomas Pesquet répondait toujours « Génial! » quand Houston l'interrogeait sur sa forme. « On sent quand même un peu de fatigue dans les voix », confie Philippe Perrin, détenteur de trois EVA à l'extérieur de la navette Discovery en 2002. « Mais la démonstration est impressionnante de maîtrise, assez inhabituelle sur une première sortie, et je leur dis un grand bravo à tous les deux. »

L'US EVA-39 en chiffres

404ᵉ sortie dans le vide depuis le 18 mars 1965

20ᵉ sortie européenne depuis le 9 décembre 1988

197ᵉ sortie du programme ISS (vols navette inclus) depuis le 7 décembre 1998

39ᵉ sortie américaine à partir de Quest à l'aide de scaphandres EMU (sans la navette) depuis le 20 février 2002

4ᵉ sortie pour Shane Kimbrough depuis le 20 novembre 2008

Thomas Pesquet devient le 216ᵉ piéton de l'espace, le 11ᵉ Européen et le 4ᵉ Français.

Outre le remplacement d'une partie des batteries de l'ISS, une seconde série de sorties extravéhiculaires a été mise en place en mars et avril, à l'occasion du déplacement d'une écoutille d'un côté à l'autre de la station pour préparer l'arrivée en 2018 de nouveaux vols commerciaux. Au cours de la sortie EVA-40, le 24 mars, le Français s'est à nouveau distingué pour son efficacité et la précision de ses gestes. Il était en effet sollicité pour une mission délicate: appliquer une graisse spéciale sur les connecteurs sur la partie robotisée du bras de manœuvre. Pour ce faire, il a fallu utiliser l'un des célèbres strapontins: les deux pieds dans les étriers, l'astronaute dispose de ses deux mains et d'une meilleure liberté de mouvement... Sans pouvoir oublier que sous cette petite attache en métal, ce sont 400 kilomètres de vide et le paysage qui défile!

5. LES RUSSES MAÎTRES À BORD

Durant treize ans, les missions se succèdent pour travailler sur l'ISS, d'abord pour l'assemblage des modules, puis pour des expéditions à caractères plus scientifiques, grâce à deux types de vaisseaux: les navettes STS américaines et les capsules Soyouz russes. Ce schéma subit un premier coup d'arrêt lorsque la navette Columbia, qui n'était pas en mission sur l'ISS, se désintègre lors de son retour dans l'atmosphère terrestre, le 1ᵉʳ février 2003. Il faudra plus de deux ans aux Américains avant d'utiliser à nou-

Le dernier atterrissage de la navette, en juillet 2011.

veau les navettes. Les vols de ces dernières seront limités aux missions sur la Station internationale, seule destination pour laquelle l'équipage pourrait être transféré en sécurité en cas de nouveaux problèmes sur le bouclier thermique. Mais, sur le plan politique, la décision est prise rapidement : la NASA ne pourra pas utiliser les navettes jusqu'en 2020 comme prévu initialement. Jugées trop dangereuses et surtout trop chères à opérer (la réutilisation entraîne tant de coûts annexes que chaque vol est valorisé à près d'1 milliard de dollars), les navettes STS doivent être remplacées après 2010 par la capsule Orion. Elle est issue d'un projet NASA, partie d'un plan à plus large échelle déclenché en 2004 par Georges Bush Jr et nommé Constellation, censé ramener les États-Unis poser le pied sur la Lune. Mais, alors que les dernières missions des navettes sont programmées, Constellation est un échec. Gouffre financier aux résultats incertains et aux attentes démesurées, le programme ne résistera pas à une commission indépendante du Congrès américain mise en place après l'élection de Barack Obama en 2008. Toutefois, à la surprise générale, ce dernier choisit de ne pas décaler la mise à la retraite anticipée des navettes STS. Le 21 juillet 2011, la navette Atlantis, sur le vol STS-135, se pose au Centre spatial Kennedy. Depuis, l'Amérique n'a plus aucun moyen pour emmener ses astronautes en orbite.

Recherche médicale dans la partie russe

C'est dans ce cadre que la coopération internationale sur l'ISS est un élément indispensable. Si la Russie n'avait pas laissé les États-Unis lui acheter des sièges sur ses capsules habitées Soyouz, la station spatiale aurait uniquement été peuplée d'habitants russes; Canadiens, Européens et Japonais reposent eux aussi sur les capacités de leurs alliés au sein du projet. Cela impose une pression supplémentaire sur le programme Soyouz, unique point d'entrée et de sortie de l'ISS. Quatre Soyouz partent chaque année pour des missions de six mois environ, à intervalles réguliers d'un trimestre. À chaque rotation, un ou une astronaute NASA est présent dans la capsule. Toutefois, depuis la retraite des navettes STS, la Russie a régulièrement augmenté le prix des sièges au sein de Soyouz, jusqu'à atteindre, en janvier 2017, un tarif supérieur à 80 millions de dollars. Le bureau économique de l'agence américaine estimait en septembre 2016 que plus de 950 millions de dollars seraient transférés à la Russie dans les deux années suivantes...

Les solutions de remplacement américaines pour envoyer des astronautes depuis le sol des États-Unis se font attendre. La capsule Orion n'étant plus prévue pour une utilisation en orbite basse (elle coûterait, avec son lanceur le SLS, bien plus d'1 milliard de dollars hors développement pour chaque vol), la NASA a lancé en 2010 un programme ouvert aux entreprises spatiales américaines, nommé Commercial Crew. Outre le retour de capacités habitées, ce contrat va permettre une meilleure utilisation de la station, qui peut accueillir facilement quatre astronautes non russes, un chiffre impossible à atteindre avec les rotations de Soyouz. Quatre entreprises partenaires sont sélectionnées en 2012, et les solutions proposées sont toutes alléchantes pour la NASA: SpaceX, Blue Origin et Boeing présentent des capsules, réutilisables et aux capacités étendues, tandis que Sierra Nevada Corp propose sa petite navette Dream Chaser. En septembre 2014, ce sont finalement Boeing et SpaceX qui sont sélectionnés. Mais le programme, faute de crédits suffisants, prend une fois de plus du retard et les premiers vols habités, qui auraient dû avoir lieu dès 2017, ne sont plus prévus avant la fin 2018. Il faudra donc que les États-Unis, malgré des tensions liées à l'élection américaine de 2016 et les augmentations des tarifs russes, trouvent un accord de plus avec leurs anciens adversaires.

En 2014 déjà, la situation entre la Russie et les États-Unis s'était envenimée sur fond de sanctions après l'invasion de la Crimée. Bien que les sanctions internationales aient clairement exprimé la volonté d'exclure le domaine spatial, et surtout la coopération au sein de l'ISS, les esprits s'échauffent. « Après analyse des sanctions prises à l'encontre de notre industrie spatiale, je suggère aux USA d'emmener leurs astronautes jusqu'à l'ISS en utilisant un trampoline », glisse Dimitri Rogozine après la mise en place de gels bancaires, qui le touchent personnellement mais laissent comme prévu les accords spatiaux de côté. Car l'ISS n'est pas le seul point de coopération entre les deux nations: la Russie fournit les moteurs de plusieurs fusées américaines, notamment le lanceur Antarès (Orbital-ATK) qui emmène les cargos Cygnus vers la station, ou les fusées Atlas-5 qui réalisent 60 % des missions dédiées au gouvernement américain. Une situation décriée, mais un accord qui n'est pas aujourd'hui remis en cause: l'accès à l'espace, la coopération et le maintien de ce symbole de paix passent en priorité sur les conflits et les amendes bien terrestres.

6. UNE DATCHA INTERNATIONALE

L'ISS est un espace de travail international. Quand l'équipage est au complet, ce sont six personnes hautement qualifiées qui opèrent la station, la maintiennent en état, réalisent des tests médicaux et des expériences scientifiques. Mais l'ISS, ce sont aussi des moments de détente. Astronautes et cosmonautes ne disposent pour espace personnel que d'un minuscule réduit de deux mètres cubes, qui leur sert de couchette, de rangement. C'est une fenêtre sur leur famille qui communique avec eux par mails et par conversation vidéo. Un espace pour répondre aux milliers de commentaires et mentions Twitter et Facebook que reçoivent ces aventuriers connectés de tous pays. Certains en profitent pour lancer des concours comme l'Américain Scott Kelly qui mettait en ligne des photos, et dont les gagnants retrouvant les lieux correspondants pouvaient obtenir des patchs de mission. Ou l'Anglais Time Peake, qui a régulièrement mis sur les réseaux sociaux des paroles de morceaux musicaux en rapport avec l'espace. Il s'agit pour ces experts hautement entraînés de trouver un équilibre entre l'exigence technique, le partage de leur expérience, et des moments de détente pendant lesquels ils peuvent rire, expliquer leurs passions ou tout simplement discuter avec leurs camarades.

De ce fait, les événements sont nombreux sur l'ISS. Il y a naturellement le ballet des départs et arrivées qui donne lieu à de grandes réunions tous les trois ou quatre mois. Les gens qui franchissent l'écoutille ne sont pas des étrangers, ils se sont entraînés avec l'équipage qui les attend parfois plusieurs années! Ils ont passé beaucoup de temps ensemble, ayant les mêmes examens avec les mêmes professeurs, autant d'expériences qui rapprochent. Ainsi les anniversaires, lorsqu'ils interviennent en cours de mission, sont-ils copieusement célébrés, souvent avec des spécialités des pays des intéressés (par exemple des macarons lors des 39 ans de Thomas Pesquet, le 27 février 2017). Autres événements d'ampleur, les fêtes de fin d'année sont particulièrement suivies, puisqu'elles sont fêtées deux fois: le Noël occidental et Hanoukka ou le Noël orthodoxe russe, qui a lieu traditionnellement deux semaines après. Outre l'occasion de se retrouver ensemble, le Node-1 Unity est généralement décoré avec les moyens du bord, et plusieurs accessoires de Noël ont déjà trouvé leur chemin vers l'ISS... Sans compter les pulls tricotés au style discutable des fêtes de fin d'année ou les bonnets de Noël peu seyants! Si le dernier cargo Progress a pu trouver son chemin vers la station, il y a du caviar au menu, et lorsqu'un Français fait partie du voyage, du foie gras et autres spécialités de l'Hexagone! Un

homas Pesquet est
n grand supporter du
V de France.

mois plus tôt, les Américains font participer tout le monde au déjeuner de Thanksgiving, et comme sur terre, une dinde remplit les estomacs. Avant le vol, chaque membre d'équipage se voit confier l'organisation d'un de ces moments conviviaux par le commandant de bord.

Les événements sportifs rythment aussi la station. Avec en permanence un Américain dans l'ISS, le Superbowl reste un événement, mais il n'est pas le seul. Thomas Pesquet a pu supporter l'équipe de France de rugby en tentant d'expliquer les règles à ses camarades… Tandis que les compétitions internationales font la joie de tout l'équipage. Étant des sportifs eux-mêmes (jusqu'à deux heures et demie de sport chaque jour pour compenser la perte musculaire), les astronautes se passionnent traditionnellement pour les Jeux olympiques, quand ces derniers ne viennent pas les rattraper en orbite! Dans le cadre de la préparation aux Jeux d'hiver de Sotchi, les Russes Oleg Kotov et Sergueï Riazanski, préparés pour l'occasion, ont réalisé le premier passage de la flamme lors d'une sortie extravéhiculaire! Préparés pour l'occasion, les deux cosmonautes se passent le témoin, sur fond de terre. Tout un symbole… Même si pour des raisons évidentes, la flamme ne sera pas allumée en orbite. Compétitions et événements sportifs de tous genres sont régulièrement l'occasion

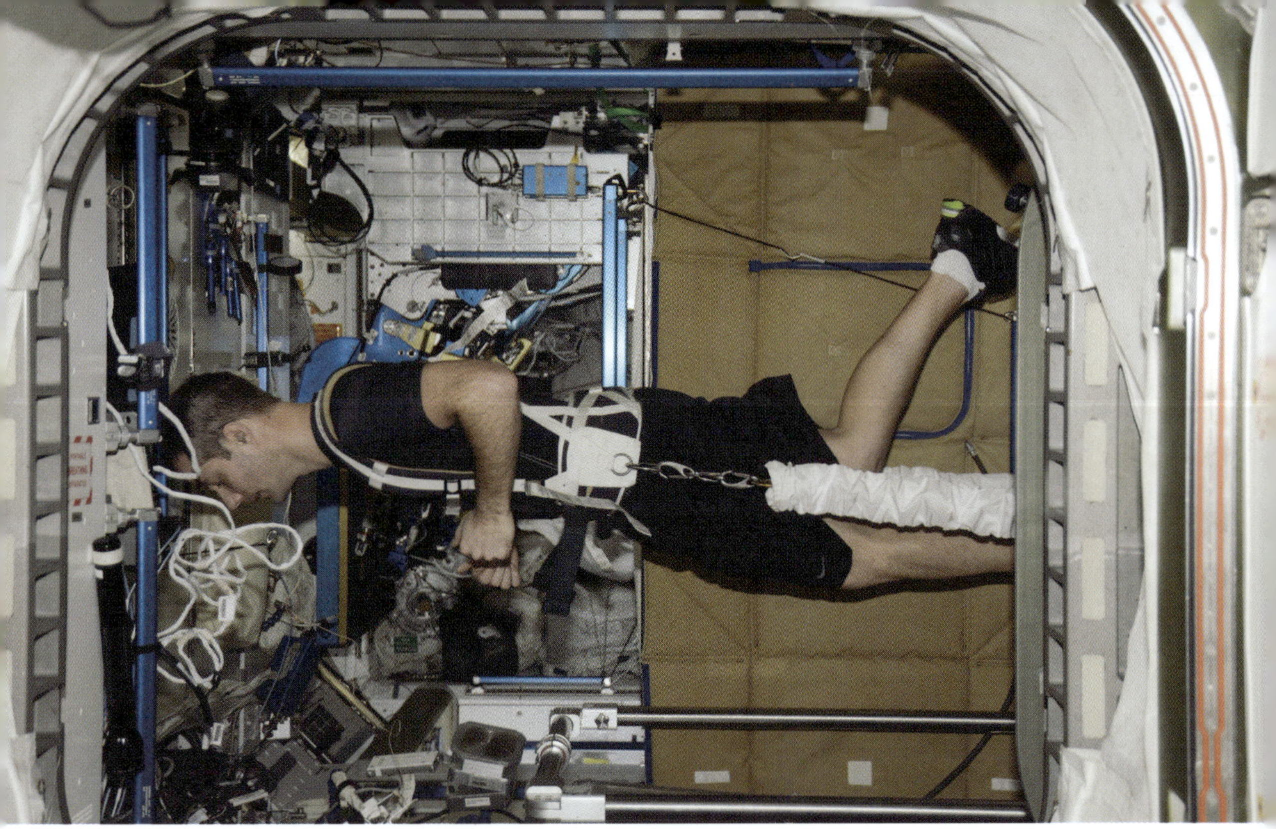

de s'envoyer un ballon, de se faire quelques passes dans le long couloir que forment Unity, Destiny et Harmony...

Faire du sport deux heures par jour : une obligation.

Comme tout un chacun, le dimanche venu, ces hommes et femmes sérieux et appliqués toute la semaine ont besoin de relâcher la pression! Au point qu'il y eut dans l'ISS quelques moments de totale perte de contrôle! Embarqué dans une mission d'un an sur l'ISS, l'astronaute Scott Kelly découvre en février 2016 que son frère jumeau a réussi à lui envoyer un costume complet de gorille! Ni une ni deux, le voici qui met dans la confidence le Britannique Tim Peake pour se cacher dans l'un des innombrables sacs de transport rangés dans la station, et surgir au moment opportun...

Astronautes et cosmonautes profitent aussi de ces moments heureux pour communiquer avec le sol, échanger avec des enfants, des collégiens et les nombreux centres dédiés à l'espace et l'astronomie.

Il y a aussi des journées moins sympathiques, mais qui font la cohésion de ces petites équipes. Des moments où peu importe la nationalité, car il faut parer au danger. L'ISS a connu quelques alertes lors de passages proches de débris orbitaux, comme le 17 juin 2015.

Si les partenaires au sein de l'ISS disposent pour la plupart d'entre eux de radars de la Défense qui suivent et cataloguent les débris, il arrive que ces derniers soient découverts très tard. Si l'incertitude est trop grande, toutes les activités scientifiques sont arrêtées, et les équipages prennent place dans leur capsule Soyouz, avec l'écoutille fermée. De cette façon, si une catastrophe devait survenir, leurs chances de retour sur la terre ferme seraient maximisées. D'autres alarmes ont déjà retenti dans ces espaces pressurisés: niveau de dioxyde de carbone lors de problèmes de filtrage et de renouvellement de l'air, problèmes de répartition de puissance électrique (même si les matériels sont fiables et redondants, les pannes sont parfois inévitables), et même d'insidieuses fuites d'ammoniac. La présence de ce liquide, utilisé pour le refroidissement des modules, est la hantise des équipages avec le feu. Corrosif et toxique, il est pourtant présent en grande quantité dans les réservoirs externes. En 2013, une fuite à l'extérieur du segment russe avait eu lieu, les astronautes observant « de petits flocons blancs » flotter autour des modules…

LES TIMIDES DÉBUTS DU TOURISME SPATIAL

Malgré plusieurs projets crédibles apparus au début des années 2000, le tourisme spatial n'existe pas aujourd'hui, et l'accès à l'orbite reste réservé à des professionnels, entraînés durant des mois, et dont les sélections sont rares et exigeantes. Même les sept richissimes touristes qui ont volé sur l'ISS, entre 2001 et 2009, ont également dû subir les cours sur les écoutilles, la théorie d'une rentrée balistique et les stages de survie au nord de Moscou… avant de payer entre 20 et 35 millions de dollars à la société Space Adventures, qui profitait de sièges « libres » dans la valse des capsules Soyouz. Réalisant leur rêve d'enfance, ils ont vécu le voyage d'une vie. Tous ont ressenti le célèbre effet de vue d'ensemble, cette impression si particulière depuis l'orbite qu'il n'y a pas de frontières, que nous vivons tous sur cette fragile planète bleue à la si ténue atmosphère… Mais aucun autre vol touristique n'avait été organisé depuis huit ans lorsque débuta la mission Proxima. Une pause en attendant les incursions à 100 kilomètres d'altitude promises par des sociétés privées américaines, qui développent leurs propres vaisseaux, pour « seulement » 250 000 dollars?

UN PRIX NOBEL DE LA PAIX POUR LA STATION?

Le rôle de la coopération spatiale en général, et de l'ISS en particulier, dans un engagement pacifique des nations ne fait aucun doute. Dans ce cadre, la station a été proposée pour être nominée au prix Nobel de la paix 2015. S'il ne s'agit pas d'une personne ou d'un groupe en particulier, on peut toutefois remarquer que l'ISS représente la somme de millions d'heures de travail au service d'une coopération internationale pacifique. Plébiscitée par un collectif d'astronautes (dont quatre Français), cette candidature qui n'a pas été retenue pouvait pourtant faire sens. Comme le souligne le manifeste:

- cette collaboration est la plus importante coopération internationale pacifique de l'histoire;
- les partenaires de la Station spatiale internationale étaient des ennemis mortels il y a quelques dizaines d'années;
- malgré les situations de tensions sur la Terre, par exemple en Ukraine, les partenariats sur l'ISS continuent chaque heure de chaque jour, sans discontinuité;
- 93 nations ont profité de l'ISS, et leurs citoyens peuvent, en observant le ciel nocturne, voir leurs espoirs, leurs rêves et leurs expériences scientifiques voler au-dessus de leurs têtes, objet le plus brillant traversant la nuit;
- durant seize ans, des équipages de différentes nationalités ont habité l'ISS, habitant et apprenant ensemble; n'est-ce pas un exemple?
- l'équipage de l'ISS a remporté le prix de la paix de Westphalie, qui récompense les initiatives pour la paix et la réconciliation en Europe et dans le monde.

7. RETOUR SUR LA TERRE

Qu'il s'effectue après un amerrissage dans le Pacifique (Apollo), le choc des rétrofusées sur la plaine kazakhe (Soyouz) ou la longueur interminable d'une piste d'atterrissage (navette), le retour sur la Terre des astronautes (sans possibilité de deuxième chance) est un moment particulier de toute mission spatiale. Traditionnellement, c'est une double séparation. Les équipages, qui ont passé plusieurs mois intenses, ensemble en orbite, mais aussi plusieurs années de préparation en amont, sont arrachés de l'orbite en quelques heures, puis séparés de leurs amis et collègues. Le retour est un tourbillon de plusieurs jours, qui mêle la lenteur toute relative des vols transcontinentaux (chaque membre retourne avant tout dans les quartiers de son agence spatiale), l'exposition médiatique à l'extrême et la douleur physique.

Passer six mois en apesanteur induit des changements corporels importants, aussi l'organisme est-il terriblement sollicité lors des premières semaines de retour. Le simple fait de se

etour d'une
apsule
oyouz sous
arachute.

lever et marcher peut-être difficile, sans compter que les objets ont tendance à tomber au sol lorsqu'ils sont lâchés (en orbite, ils flottent au même endroit), ce qui occasionne régulièrement des accidents cocasses les jours suivant l'atterrissage. La rééducation physique fait bien entendu partie du programme. L'astronaute européenne Samantha Cristoforetti, première femme à atteindre les 200 jours en orbite en une mission, l'avouait en 2015 : « Durant des mois, lever les jambes pour courir ne m'a demandé aucun effort ! Maintenant, à chaque fois que je fais un pas et que je dois porter mon corps, j'ai l'impression de devoir soulever le tronc d'un arbre ! » Les efforts peuvent durer jusqu'à un an, même si la condition physique des astronautes leur permet en général de récupérer plus rapidement. Les premiers jours incluent aussi l'intervention d'orthophonistes : la langue ne pèse plus le même poids en orbite, il faut donc réapprendre à parler correctement, mais aussi à mâcher, etc.

Toutefois, l'instant que tous les participants des missions orbitales retiennent, c'est le moment de l'ouverture de l'écoutille, juste après le retour dans l'atmosphère. L'air s'engouffre dans la capsule et crée une véritable vague émotionnelle : il ne s'agit plus d'un air recyclé et artificiel, mais du grand air des plaines ! L'été, il sent l'herbe sèche des steppes, l'hiver il ap-

L'Italienne Saman Cristoforetti apr atterrissage, en j 2015.

porte la langue froide d'un paysage enneigé. Chargé de cette nature inimitable et indescriptible qu'ils ont pu contempler à 400 kilomètres d'altitude, ce premier courant d'air est généralement décrit comme le vrai « retour sur la Terre ».

UNE EXPÉRIENCE FABULEUSE

« L'impulsion de freinage, la rentrée dans l'atmosphère avec le pilotage atmosphérique de la capsule, la traversée du plasma dont les flammes à plusieurs milliers de degrés Celsius lèchent les hublots, l'ouverture de l'énorme parachute de 1000 mètres[2], l'impact final sur la planète Terre entre deux yourtes kazakhes, l'étreinte des proches; tout cela, mes camarades cosmonautes me l'avaient longuement décrit, mais j'avais hâte de le vivre moi-même. Pour un pilote d'essais, ce vol depuis Mach-28 jusqu'à l'atterrissage est une expérience fabuleuse. »

Jean-Pierre Haigneré

PAS PRÊTE À REPARTIR SUR TERRE

« Je ne vais parler pour mes camarades, mais dans mon cas, je n'étais pas vraiment prête à repartir sur terre. [...] Le jour de notre départ, nous nous sommes levés à minuit pour partir à 6 heures du matin. Et je "courais" encore dans toute la station pour m'assurer que nous avions rempli notre tâche. »

Samantha Cristoforetti

UN VOYAGE MAGNIFIQUE

« La phase de rentrée est un moment très excitant, et, vous savez, je l'ai vue avec deux états d'esprit différents. En tant que pilote d'essais, je voulais vraiment analyser ce moment et les mouvements de la capsule, comprendre ce qui était en train de se passer… Mais, en même temps c'est difficile de ne pas se sentir comme un enfant qui profite de ce moment extraordinaire de retour de l'espace ! On connaît très bien ce moment, nous nous y sommes tellement entraînés à Star City [le complexe de préparation des cosmonautes, près de Moscou], donc on sait très bien à tout moment ce qui va se passer.

En réalité, la phase de dé-*docking* est un non-événement, c'est très calme et, durant les premières orbites, il ne se passe rien, vous attendez simplement l'allumage pour le freinage de désorbitation. Et c'est seulement à partir de là que la situation devient vraiment excitante. Vous savez, l'allumage du moteur est très doux, ce n'est pas comme si on ressentait une grosse décélération… Mais si les choses vont mal pour l'atterrissage, c'est probablement qu'il y a eu un problème durant la manœuvre de freinage, donc c'est un moment où l'on est très attentif à garder le contrôle, à vérifier que tout fonctionne comme prévu. Parce que si l'allumage dure trop longtemps, ou qu'il est trop court, vous allez rater la cible, votre profil de rentrée sera très différent de ce qui était planifié… Mais, comme j'avais parlé à de nombreux autres astronautes de la descente, j'étais très conscient de toutes les phases du processus. La séparation, ça c'était un moment très agité.

Une fois de plus, dans ma carrière militaire, j'ai eu le plaisir de voler avec de nombreuses machines russes, des hélicoptères, etc. Donc je suis assez familiarisé avec la technologie russe et son ingénierie, et c'est robuste, ça marche très bien, mais c'est très solide… Et quand un vaisseau spatial très solide est conçu pour se casser en trois parties, il ne le fait pas discrètement ! Il le fait avec un nombre incroyable de boulons explosifs qui se déclenchent l'un après l'autre, ça ressemble à une très grosse mitrailleuse et le vaisseau, vraiment, s'éclate en trois parties distinctes ! Donc c'est très excitant de se retrouver au milieu de tout ça, avec ces boulons qui sont, finalement, à quelques millimètres de métal de votre oreille quand ils explosent. À partir de là, la capsule part en tonneau assez contrôlé pour rentrer dans les couches de l'atmosphère. C'est extraordinaire d'être assis à côté d'un hublot, parce qu'on est capable de voir l'extérieur et qu'à ce moment-là j'ai commencé à voir des étincelles et des flammes. C'est à cause des différentes couches d'isolant présentes sur le vaisseau qui commencent à brûler et s'étiolent, ce qui est très impressionnant à voir. Une fois de plus, j'étais au courant et c'est absolument normal de s'attendre à voir des flammes de l'autre côté de la fenêtre.

Alors, on attend que le nombre de G commence à s'accumuler. On n'est pas encore vraiment rentrés dans l'atmosphère terrestre, mais nous sommes descendus à presque 100 kilomètres d'altitude, et lorsque l'on regarde par le hublot, après avoir passé 6 mois à observer la planète Terre depuis 400 kilomètres, dans un mouvement très stabilisé… De voir la Terre s'approcher à 100 kilomètres seulement, depuis un vaisseau dont le mouvement a l'air tout sauf stable, c'était vraiment très surprenant. Ça vous donne la sensation très forte, très impressionnante, qu'en fait vous êtes en train de tomber vers la Terre. Alors seulement les G s'accumulent. Et, en fait, cette force augmente assez doucement, donc on a tout le temps pour se préparer à ça. Mais, vers la fin du vol, nous sommes à 4, voire 4,5 G ce qui est, après 6 mois passés en zéro gravité, une force très impressionnante. Donc il faut vraiment se concentrer là-dessus, sur la respiration… Et, en même temps, la capsule Soyouz, eh bien elle devient très chaude, extrêmement chaude, donc on se concentre beaucoup sur les G, on se concentre sur la chaleur, le corps devient patraque et il n'y a pas beaucoup d'air dans les combinaisons. Il faut bien sûr toujours garder un œil sur les systèmes de vol, il y a une multitude de choses qui arrivent simultanément, et en même temps on essaie bien sûr de mémoriser cette extraordinaire expérience.

Le retour est un voyage magnifique, et l'un des moments les plus intéressants, c'est le déploiement des parachutes principaux, après les parachutes de freinage. Il y a à peu près 20 secondes pendant lesquelles la capsule est totalement hors de contrôle, et il faut vraiment juste s'accrocher et attendre que ça s'arrête. Alors on m'avait dit que c'était censé s'arrêter dans un gros mouvement lors de l'ouverture du parachute principal, mais dans notre cas ce parachute a dû s'ouvrir de façon optimale, parce que je n'étais même pas conscient que ce dernier se fût déployé. Le temps passait, et j'étais très conscient des différentes étapes que l'on devait passer et à quel moment… Et on avait dépassé le moment de l'ouverture du parachute principal ! Pendant une seconde j'étais inquiet et j'ai tourné la tête vers Iouri, qui était simplement assis, tellement relaxé, tellement calme comme il l'est en général, et je me suis dit, non, si on avait eu un problème avec le parachute principal il ne ferait pas cette tête-là ! Du coup j'étais très rassuré, et on était de nouveau de retour dans mes étapes. C'est une des phases où l'on a quelques moments très calmes pour reprendre nos esprits, et aussi se préparer pour l'atterrissage. »

Tim Peake

NOUS AVONS BESOIN DE VOIR PLUS D'ASTRONAUTES

« J'imagine que, parfois, les gens veulent entendre qu'il y a eu une véritable et profonde découverte scientifique au bout des 340 jours que j'ai passés à orbiter autour de la Terre. Une illumination en quelque sorte pour moi ou les équipes au sol, comme une particule cosmique à travers le crâne, à un moment important de la mission. Mais je n'ai rien d'équivalent à offrir.

La mission que j'ai accomplie était, pour la plus grosse partie, la mission pour laquelle je m'étais préparé. Les données ne sont pas toutes analysées, mais les scientifiques sont impressionnés par ce qu'ils voient jusqu'à présent. Les différences génétiques qui sont apparues entre mon frère jumeau Mark et moi pourraient débloquer de nouveaux savoirs, pas seulement sur ce que les vols spatiaux font subir au corps humain, mais aussi sur la façon dont nous vieillissons ici sur la Terre. Les premiers résultats montrent que l'état général de mes télomères – les extrémités de nos chromosomes qui indiquent notre âge – s'est amélioré au cours de mon voyage, contrairement à ce qui était attendu. Les études sur lesquelles j'ai travaillé promettent d'aider les scientifiques à trouver des solutions à des problèmes médicaux récurrents sur les longues missions habitées [...].

Ces résultats et les articles scientifiques continueront de marquer les publications durant des décennies, à partir des 400 expériences que nous avons réalisées ensemble. Mais Misha Kornienko et moi n'étions que deux cobayes. Nous avons besoin de voir beaucoup plus d'astronautes rester dans l'espace pour de longs voyages avant de pouvoir tirer des conclusions sur ces résultats. »

Scott Kelly

Le mont Sahand, Iran.

CONCLUSION

Vers une coopération mondiale?

Il n'y a pas de routine en orbite. Chaque année réserve son lot de nouveautés, d'annonces et de surprises. La coopération sur la Station spatiale internationale dure depuis 1993, pourtant le matériel ne pourra pas éternellement être maintenu en orbite. Les équipages se succèdent, et vont encore étendre les bénéfices des expériences scientifiques sur cette extraordinaire plateforme, qui aura permis plusieurs générations d'essais. La station a pu assurer son avenir grâce à des accords qui repoussent la fin de cette aventure jusqu'à 2024. Certaines agences soutiennent une échéance à 2028... Dans tous les cas, un défi d'une ampleur inégalée attend les nations spatiales: trouver le successeur de ce véritable catalyseur de coopération. Il faudra une fois de plus dépasser les visions nationalistes et les impératifs économiques pour créer, innover, progresser ensemble.

Tandis que l'aventure actuelle incluait les puissances spatiales influentes des années 1990, il semble aujourd'hui nécessaire d'inclure à la prochaine itération de station internationale les agences émergentes, qui ont prouvé par leur créativité et leurs performances qu'elles avaient toute leur place au panthéon de l'exploration spatiale. La Chine et l'Inde, qui au sol souffrent de conflits économiques et frontaliers engagés dans ce qui pourrait fort ressembler à une course aux armements, bénéficieraient des mêmes dividendes de la politique spatiale dont les États-Unis et la Russie jouissent aujourd'hui. Instrument d'une politique du progrès technique qui dépasse dans l'opinion celles des mécanismes militaires, une coopération spatiale mondiale pourrait représenter un pas supplémentaire pour la paix.

Car ces nations et ces programmes nouveaux prennent déjà leur essor. Le premier vol habité indien depuis la péninsule du Bengale est prévu dans moins d'une décennie. La Chine, après deux expérimentations grandeur nature, se prépare de son côté à mettre en orbite sa station permanente, habitée par un équipage en rotation dès 2020. Laisserons-nous ces pays s'ouvrir à l'espace sans leur tendre la main? L'effort sera important, et les difficultés seront au rendez-vous, mais les résultats ont un potentiel encore plus grand que l'ISS actuelle. Partager les défis, c'est aussi récolter ensemble les succès: la Chine, l'Inde, la Corée du Sud, le Brésil, tous ont des ambitions nouvelles et les moyens de parvenir à de nouveaux succès sur le chemin de l'exploration habitée et robotisée de notre système solaire.

Ces coopérations sont des luttes en soi. Il faut dépasser ses propres intérêts pour collaborer à une entente spatiale, et comprendre que les actions menées sur terre peuvent endommager cette fragile entente. À l'heure des désengagements européens, de la construction des murs frontières, la question d'un accord de coopération de tous les acteurs sur une station spatiale se pose: n'irons-nous pas plus loin ensemble?

CE QUE J'AI APPRIS

« J'ai appris qu'aucune sensation n'égale celle de l'eau. La nuit où mon avion a atterri à Houston, et où j'ai pu rentrer à la maison, j'ai fait exactement ce que j'avais prédit tout au long de ma mission: j'ai passé la porte d'entrée, marché jusqu'à la porte de derrière et j'ai sauté dans la piscine, dans ma combinaison de vol. Je ne considérerai plus jamais l'eau comme acquise. Misha dit qu'il ressent la même chose.

J'ai appris que je pouvais rester calme dans les pires situations. [...] J'ai appris qu'arriver en avance, que ce soit à un entretien d'embauche ou pour une sortie en scaphandre, c'est la seule façon de garder le contrôle et de réussir. "Si vous n'êtes pas cinq minutes en avance, vous êtes déjà en retard!" J'ai appris à mieux compartimenter, ce qui ne veut pas dire oublier ses sentiments, mais plutôt garder un meilleur focus sur les choses que je peux contrôler et ignorer le reste. [...] J'ai appris que la majorité des problèmes ne sont pas aussi complexes qu'une fusée, mais que, lorsqu'il s'agit d'une fusée, il vaut mieux demander à un spécialiste. En d'autres mots, j'ai appris que c'est un privilège de pouvoir demander et obtenir conseil de vrais experts. [...]

J'ai appris que le russe dispose d'un vocabulaire beaucoup plus complexe que l'anglais quand il s'agit d'insultes, mais aussi bien plus riche pour l'amitié.

J'ai appris que la terre et le gazon sentent bon, que la sensation du vent est extraordinaire, que la pluie est un miracle. Je vais essayer de me souvenir de cette magie pour le reste de ma vie. J'ai appris que mes filles sont des personnes remarquables, et que j'ai raté une partie de leur vie que je ne récupérerai jamais.

J'ai appris que suivre les actualités depuis l'espace peut faire passer la Terre pour un vent de chaos et de conflits, qu'observer la dégradation environnementale causée par les humains peut vous retourner le cœur. J'ai aussi appris que notre planète est magnifique, que je ne verrai rien d'aussi beau, et que nous avons de la chance d'être là. [...] J'ai appris qu'un an dans l'espace représente son lot de contradictions. Un an loin des gens que vous aimez est un défi pour vos relations, et les renforce d'une nouvelle façon. [...] J'ai appris que ce moment est un carrefour pour l'Amérique spatiale. Nous pouvons renouveler notre serment d'aller vers de nouvelles frontières, de construire sur nos succès, de continuer de repousser nos limites, ou bien choisir de baisser le regard et renoncer à nos ambitions. »

Scott Kelly

305 lancements orbitaux habités au 12 avril 2017

Vaisseau	Période d'exploitation	Nombre de lancements orbitaux habités
URSS puis Russie		
Vostok	1961-1963	6
Voskhod	1964-1965	2
Soyouz 7K-OK	1967-1971	8
Soyouz 7K-OKS	1971	2
Soyouz 7K-T	1973-1983	25
Soyouz 7K-TM	1974-1976	3
Soyouz T	1980-1986	14
Soyouz TM	1986-2003	33
Soyouz TMA	2003-2011	22
Soyouz TMA-M	2011-2016	19
Soyouz MS	Depuis 2016	3
	TOTAL	137
États-Unis		
Mercury-Atlas	1962-1963	4
Gemini-Titan	1965-1966	10
Apollo-Saturn 1B	1968-1975	5
Apollo-Saturn 5	1968-1972	10
OV-102 (Columbia)	1981-2003	28
OV-099 (Challenger)	1983-1986	9
OV-103 (Discovery)	1984-2010	38
OV-104 (Atlantis)	1985-2011	33
OV-105 (Endeavour)	1992-2011	25
	TOTAL	162
Chine		
Shenzhou	Depuis 2003	6

18 missions spatiales réalisées par 10 Français en 35 ans

Mission	Vaisseaux utilisés	Dates, Durée de la mission	Astronaute français
PVH (Premier Vol Habité)	Soyouz T/Saliout-7	1982, 24.06 – 2.07 07 J 21 h 51 min	Jean-Loup Chrétien (CNES)
STS 51-G Sciences de la Vie	Discovery	1985, 17.07 – 24.07 07 J 1 h 39 min	Patrick Baudry (CNES)
Aragatz	Soyouz TM/Mir	1988, 26.11 – 21.12 24 J 18 h 7 min	Jean-Loup Chrétien (CNES)
Antarès	Soyouz TM/Mir	1992, 27.07 – 10.08 13 J 18 h 56 min	Michel Tognini (CNES)
Altaïr	Soyouz TM/Mir	1993, 1.07 – 22.07 20 J 16 h 9 min	Jean-Pierre Haigneré (CNES)
STS-66 / ATLAS 3	Atlantis	1994, 3.11 – 14.11 10 J 22 h 34 min	Jean-François Clervoy (ESA)
STS-78 / LMS-1	Columbia-Spacelab	1996, 20.06 – 7.07 16 J 21 h 48 min	Jean-Jacques Favier (CNES)
Cassiopée	Soyouz TM/Mir	1996, 17.08 – 2.09 15 J 18 h 24 min	Claudie André-Deshays (CNES)
STS-84 (6e amarrage navette-Mir)	Atlantis-Spacelab/ Mir	1997, 15.05 – 24.05 09 J 05 h 21 min	Jean-François Clervoy (ESA)
STS-86 (7e amarrage navette-Mir)	Atlantis-Spacelab/ Mir	1997, 26.09 – 5.10 10 J 19 h 22 min	Jean-Loup Chrétien (CNES)
Pégase	Soyouz TM/Mir	1998, 29.01 – 19.02 20 J 16 h 37 min	Léopold Eyharts (CNES)
Perséus	Soyouz TM/Mir	1999, 20.02 – 28.08 188 J 20 h 16 min	Jean-Pierre Haigneré (CNES)
STS-93	Columbia	1999, 23.07 – 28.07 04 J 22 h 50 min	Michel Tognini (CNES)
STS-103 / HSM 3A	Discovery	1999, 20.12 – 27.12 07 J 23 h 12 min	Jean-François Clervoy (ESA)
Andromède	Soyouz TM/ISS	2001, 21.10 – 31.10 09 J 20 heures	Claudie Haigneré (CNES-ESA)
STS-111 / ISS UF-2	Endeavour/ISS	2002, 5.06 – 19.06 13 J 20 h 36 min	Philippe Perrin (CNES)
Columbus (Expédition 16)	Atlantis/ISS/ Endeavour	2008, 7.02 – 26.03 48 J 4 h 54 min	Léopold Eyharts (ESA)
Proxima (Expéditions 50/51)	Soyouz MS/ISS	2017, 17.11 – 02.07 6,6 mois	Thomas Pesquet (ESA)
	Total (sans la mission Proxima)	351 J 28 h 37 min	

Rose : lancement avec un vaisseau soviétique ou russe, Bleu : lancement avec un vaisseau américain
Les durées ont été arrondies à la minute.

Bilan des EVA françaises

Nom	Mission Vaisseau	Date de sortie Durée	Coéquipier Pays d'origine	Objectifs principaux de la sortie.
Jean-Loup Chrétien	EO-4 Aragatz Station Mir	9 décembre 1988 6 heures	Alexandre Volkov, URSS	Installation, déploiement, test et largage de la poutre ERA.
Jean-Pierre Haigneré	EO-27 Perséus Station Mir	16 avril 1999 6 h 19 m	Viktor Afanassiev, Russie	Récupération du détecteur de météorites Comets. Installation de nouvelles expériences. Largage du satellite radioamateur Spoutnik-99.
Philippe Perrin	STS-111 Navette Endeavour	9 juin 2002 7 h 14 min	Franklin Chang-Diaz, États-Unis	Installation d'une fixation Data Grapple Fixture pour bras robotique sur la poutre P6.
Philippe Perrin	STS-111 Navette Endeavour	11 juin 2002 5 heures	Franklin Chang-Diaz, États-Unis	Attache du système de base mobile MBS sur le transporteur mobile de la station.
Philippe Perrin	STS-111 Navette Endeavour	13 juin 2002 7 h 17 m	Franklin Chang-Diaz, États-Unis	Remplacement de l'articulation du poignet du bras Canadarm2.
Thomas Pesquet	Expédition 50 Proxima ISS	16 janvier 2017 5 h 58 m	Shane Kimbrough États-Unis	Installation de plaques d'adaptation et de câbles pour les nouvelles batteries sur les canaux de puissance 1A et 3A.
Thomas Pesquet	Expédition 50 Proxima ISS	24 mars 2017 6 h 34 m	Shane Kimbrough, États-Unis	Vérification d'une fuite d'ammoniac sur un radiateur extérieur et maintenance du bras robotisé Dextre.

Bibliographie sommaire

Claudie André-Deshays, Yolaine de La Bigne, *Une Française dans l'espace,* Paris, Plon, 1996.

Pierre Baland, *De Spoutnik à la Lune*, Paris, Jacqueline Chambon, 2007.

Patrick Baudry, Benoit Fraisse, *Aujourd'hui, le Soleil se lève seize fois,* Paris, Michel Lafon, 1985.

Bryan Burrough, *Crises à bord de la station Mir*, Paris, Jean-Claude Lattès, 1999.

Jean-Loup Chrétien, *Sonate au clair de Terre – Itinéraire d'un Français dans l'espace*, Paris, Denoël, 1993.

Jean-Loup Chrétien, Patrick Baudry, Bernard Chabbert, *Spatiale première – Le premier Français dans l'espace*, Paris, Plon, 1982.

Jean-Pierre Haigneré, *Carnet de bord d'un cosmonaute*, Paris, Flammarion, 2006.

Alexandre Ivantchenkov, *Un million de lieues autour de la Terre*, Moscou, éditions de l'agence de presse Novosti, 1988.

Scott Kelly, *Endurance, A Year in Space, A Lifetime of Discovery*, Londres, Penguin, 2017.

Dave Scott, Alexeï Leonov, *Two Sides of the Moon*, New York, Thomas Dunne Books, 2004.

Michel et Monique Vieillefosse, *Un ticket pour l'espace*, Paris, Belfond, 1985.

Jacques Villain, *Baïkonour, la porte des étoiles,* Paris, Armand Colin-SEP, 1994.

Les citations sont extraites des ouvrages suivants :

Page 15 : « Les enfants de Gagarine », numéro spécial de la revue *L'Astronomie* de la Société astronomique de France, avril 2011.

Page 59 : Jacques Villain, *Baïkonour, la porte des étoiles*, Paris, Armand Colin-SEP, 1994.

Pages 61, 100, 102, 127, 142 et 144 : Collectif, « 20 ans de Français dans l'espace », numéro spécial de la revue *L'Astronomie* de la Société astronomique de France, septembre 2002.

Pages 62, 93 et 94 : Jean-Loup Chrétien, *Sonate au clair de Terre – Itinéraire d'un Français dans l'espace*, Paris, Denoël, 1993.

Pages 62 et 64 : Patrick Baudry, Benoit Fraisse, *Aujourd'hui, le Soleil se lève seize fois*, Paris, Michel Lafon, 1985.

Page 63 : Jean-Loup Chrétien, Patrick Baudry, Bernard Chabbert, *Spatiale première – Le premier Français dans l'espace*, Paris, Plon, 1982.

Page 65 : Alexandre Ivantchenkov, *Un million de lieues autour de la Terre*, Moscou, éditions de l'agence de presse Novosti, 1988.

Page 84 : Bryan Burrough, *Crises à bord de la station Mir*, Paris, Jean-Claude Lattès, 1999.

Pages 96 et 164 : Claudie André-Deshays, Yolaine de La Bigne, *Une Française dans l'espace*, Paris, Plon, 1996.

Page 99 : *Cosmopif*, juillet 2008.

Page 105 : *Le Figaro*, 17 août 1999.

Pages 106-107 : Jean-Pierre Haigneré, *Carnet de bord d'un cosmonaute*, Paris, Flammarion, 2006.

Page 128 : *CNESQUISEPASSE ?*, n° 109, avril 2002.

Page 137 : *Air & Cosmos*, n° 2523, 18 novembre 2016.

Page 151 : Blog ESA de Thomas Pesquet, février 2017.

Page 164 : *Air & Cosmos* spécial ISS, n° 2481, 18 décembre 2015.

Page 165 : Conférence de Tim Peake au centre ESTEC de l'ESA, 21 juin 2016.

Pages 166 et 169 : Scott Kelly, *Endurance, A Year in Space, A Lifetime of Discovery*, Penguin, 2017.

Tous les astronautes américains : NASA/JSC Oral History et Shuttle-Mir Oral History, 1998-2017.

Crédits photographiques

La Terre ou... Mars ? **est un projet artistique du photographe Dmitri Kostyukov.**

Pages 20-21 : La Terre (à gauche) – Mars (à droite)
Pages 22-23 : La Terre (à gauche) – Mars (à droite)
Pages 54-55 : Mars (à gauche) – La Terre (à droite)
Pages 56-57 : La Terre (à gauche) – Une étoile morte (à droite)
Pages 66-67 : La Terre (à gauche) – Mars (à droite)
Pages 68-69 : La Terre (à gauche) – Mars (à droite)
Pages 88-89 : La Terre (en haut) – Pluton (en bas)
Pages: 90-91 : La Terre (à gauche) – Mars (à droite)
Pages 110-111 : La Terre (à gauche) – Mars (à droite)
Pages 112-113 : La Terre (à gauche) – Mars (à droite)
Pages 114-115 : La Terre (à gauche) – Mars (à droite)

Remerciements

Natalia Turine
pour avoir initié le projet

Claudie Haigneré
pour son adhésion immédiate

Agence spatiale européenne
Air & Cosmos
Centre national d'études spatiales
Société astronomique de France
pour leur soutien

Yves Gauthier
pour sa recommandation

Clovis et Elvis Temboire
pour le respect de la tradition

Philippe Varnoteaux
pour ses relectures attentives

Nos compagnes et enfants
pour leurs encouragements

Conception graphique : Dmitri Kostyukov et Maximus Chatsky
Achevé d'imprimer en mai 2017 par Pulsio.net
ISBN : 979-10-95454-17-5
Dépôt légal : juin 2017
Imprimé en Union européenne